数理最適化の実践ガイド

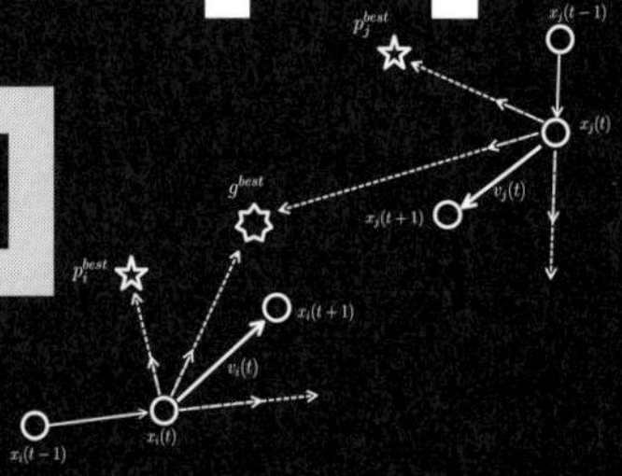

穴井 宏和

最近、いろいろなところで最適化（optimization）という言葉を耳にする機会が増えてきた。本書を手に取られた読者の動機もさまざまだろう。最適化の考え方は、とても身近なものである。日常生活でも、日々の行動の1つ1つについて、われわれはつど状況判断をしてどういう行動をとるか決定している。その際、いろいろな制約のもとで複数の選択肢の中から何らかの意味で最適な選択を（時には無意識のうちに）している。企業の経営戦略の決定なども同様である。また、工学の分野ではさまざまなものづくりの効率化・高度化のために最適化は大きく貢献している。たとえば、強度があってできるだけ軽い製品とするための形状を決めたい（設計問題）とか、限られた時間内にできるだけ多くの製品をつくれるように設備を運用したい（計画問題）といった最適な選択に関する問題の解決に最適化が活用されている。さらには、自動車や情報機器などを制御するコントローラの設計でも、できる限り燃費・消費電力の最小化を達成するために、制御理論と密接に連携して最適化が活躍している。

講談社

はじめに

最適化とは，与えられた条件のもとで数ある選択肢の中から何かの基準に照らして最善なものを選択することであり，日常生活から社会・経済システムやものづくりまであらゆるところで遭遇する．それらの最適化の対象を数式で記述し数理的な計算手法で最善策を求めるのが本書の主題『数理最適化』である．近年，あらゆる種類の問題に数学モデルを適用して新たな価値の創出を目指すことの重要性が唱えられ，大量データの活用がこの趨勢を後押しし，エンジニアやアナリストなどの実務家による数理最適化の積極的な利用が進んでいる．

現在では，商用およびフリーの数理最適化ソルバー（解くためのツール）が数多く存在し，解きたい問題を定式化すればそれらを使って気軽に最適化問題を解くことができる．

本書では，このようなソルバーをつくる人ではなく，利用する立場にある人を読者として想定している．とはいえ，本書は，最適化ソルバーの使い方の本ではない．

実際に問題を解く際，解きたい問題に適切なアルゴリズムを選択し最適化を使いこなすことが求められる．それには，それ相応の最適化の理論とアルゴリズムへの理解が欠かせない．

最適化問題の種類は多数あり，さらにその種類ごとにアルゴリズムが複数存在する．しかし，実務家にとって，そのそれぞれの専門書を読みこなすほどの知識が必ずしも必要なわけではない．おそらく，時間的な余裕もないであろう．そうした実務家が最適化を使いこなすために，最適化ソルバーの背景にある最適化の理論およびアルゴリズムについて知っておくべき必要最小限の内容を整理して提供することが本書の目的である．そのために，各アルゴリズムの説明では，あまり技術的な詳細に入り込みすぎずにアルゴリズムの勘所を理解できるよう丁寧に説明することに努めた．

本書の記述は，微積分や線形代数などの初等的な知識を前提としている．本書の位置づけから，技術的な深い議論については他書に譲ることとし，発展した学習に進みたい読者に向けて適宜参考文献を示した．参考文献は，和書の中から必要最小限のものを厳選して紹介した．また，最適化の全体の体系を俯瞰した理解ができるように，各章の最初にその章で学ぶ内容を整理し図や表でまとめている．こうした工夫をすることで，本書がより専門的な教科書に進むための橋渡しの役目を果たすと考え，それゆえ，最適化をこれから学ぼうとする初学者にとってのガイド的な存在にもなると期待している．

本書の内容について説明しよう．まず，本書の大きな特徴の 1 つが連続最適化に焦点を絞っていることである．離散最適化は，実務でも重要な分野であるが，それだけでも豊富な内容を含み，限られた分量の中では連続最適化に集中する方がよいと考えたからである．本書でとりあげたアルゴリズムは，最適化の原理を学ぶうえで欠かせない基本的なものと，著者が実問題に取り組んできた経験に基づいて応用上で有用なものという観点で選択した．その結果，本書は連続最適化の伝統的なアルゴリズムから最先端のものまで広く（かつ，適度な詳細度で）カバーしている．

各章の内容は以下の通りである．第 1 章では，最適化を語るうえで知っておくべき概念や言葉について紹介する．第 2 章では，必要最小限の数学的な準備をした後，最適化のアルゴリズムの基礎となる最適性条件について説明する．第 3 章から第 5 章までで各種の最適化問題に対するアルゴリズムを学ぶ．第 3 章では，最適化において最も基本となる非線形計画法と線形計画法の代表的なアルゴリズムを扱う．第 4 章では，メタヒューリスティックスの考え方といくつかのアルゴリズムについて述べる．通常の最適化のアルゴリズムは数値計算に基づいたものであるが，第 5 章では，数式処理に基づいた最適化の手法について紹介する．第 3 章から第 5 章では，目的関数が 1 つの場合の最適化問題を対象とし，第 6 章では，目的関数が複数である多目的最適化問題のアルゴリズムについて説明する．第 7 章では，最適化を活用する場合の適用の手順やその際の留意点などについて述べ，近年特に注目されている実用上有効な最適化の枠組みについても紹介する．最適化のプロセスがよくわかっていない読者は，7.1 節を最初に読むのもよい．

本書の執筆にあたり，多くの方にお世話になった．著者がこれまでに携わってきた最適化に関連した業務や研究でのエンジニアや研究者の方々との議論はかけがえのない知見をもたらし本書執筆の貴重な糧となった．関係した皆さんに篤く感謝したい．また，(株) 富士通研究所の岩根秀直氏と秋田県立大学の吉良知文氏には原稿を細部にわたってチェックいただき多くの有益なコメントをいただいた．この場を借りて感謝の意を表したい．最後に，本書の企画・執筆および出版にあたって大変にお世話になった講談社サイエンティフィクの瀬戸晶子さんに深く感謝する．

2013 年 2 月

穴井宏和

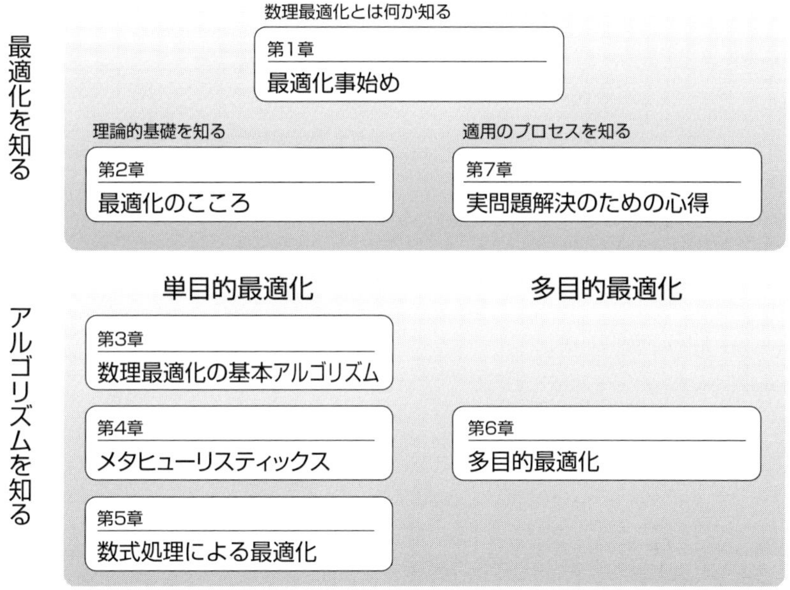

第1章

最適化事始め

この章では，最適化にまつわる最低限必要な言葉や概念を導入して，数理最適化とは何か説明し，さまざまな最適化問題の種類について解説する．この章を読んだ後で，図 1.1 に示す最適化問題の分類がわかるようになることが本章での目的である．

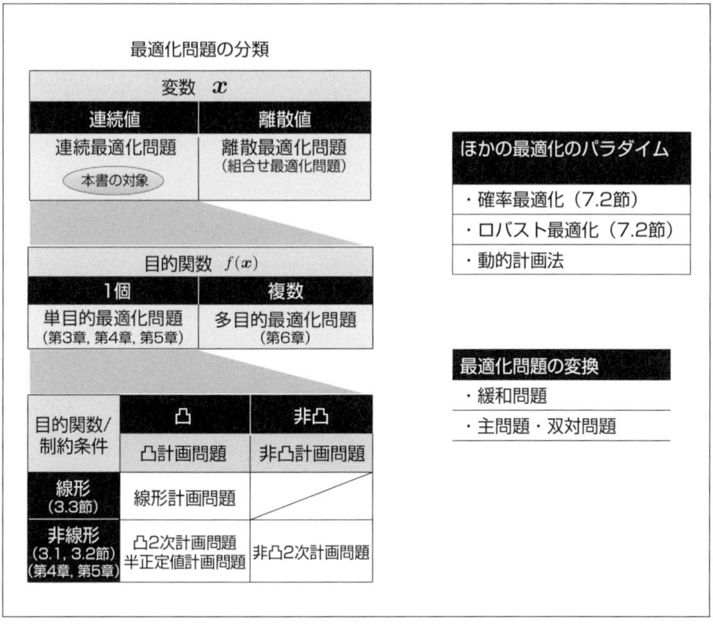

図 1.1　最適化問題いろいろ

1.1 最適化とは

最近，いろいろなところで最適化（**optimization**）という言葉を耳にする機会が増えてきた．本書を手に取られた読者の動機もさまざまだろう．

最適化の考え方は，とても身近なものである．日常生活でも，日々の行動の１つ１つについて，われわれはつど状況判断をしてどういう行動をとるか決定している．その際，いろいろな制約のもとで複数の選択肢の中から何らかの意味で最適な選択を（時には無意識のうちに）している．企業の経営戦略の決定なども同様である．また，工学の分野ではさまざまなものづくりの効率化・高度化のために最適化は大きく貢献している．たとえば，強度があってできるだけ軽い製品とするための形状を決めたい（設計問題）とか，限られた時間内にできるだけ多くの製品をつくれるように設備を運用したい（計画問題）といった最適な選択に関する問題の解決に最適化が活用されている．さらには，自動車や情報機器などを制御するコントローラの設計でも，できる限り燃費・消費電力の最小化を達成するために，制御理論と密接に連携して最適化が活躍している．

本書では扱わないが，変分法（**variational method**）も広い意味で最適化である．光の最短経路（フェルマーの原理）やロープや電線などの両端を持って垂らしたときにできる曲線（懸垂線）のように，自然は最適性に基づく法則に従って振る舞っている．このような観点で現象をとらえた数学が，変分法である．

このように与えられた条件のもとで複数の選択肢の中から何らかの意味で最善なものを選択するのが最適化であり，特に数式で問題を記述し数理的な計算手法で最善策を求める場合を数理最適化（**mathematical optimization**）という．数理最適化は，数理計画法（**mathematical programming**）と呼ばれることも多いが，以降では簡単のため「最適化」で統一する．最適化に関連して，オペレーションズ・リサーチ（**operations research: OR**）というあまりなじみのない単語がよく出てくる．OR とは，さまざまな課題に対して科学的なアプローチによって分析し解決策提示を支援する技術群のことをいう．OR は，米英国の工学者，経営学者，心理学者，数学者らが協力して，軍事戦略上の問題を解決するための技法を研究したのがはじまりで，そこで使われた言葉が OR である．戦後になると OR は軍事だけでなく企業における経営上のさまざまな問題を解決する技法としても採用されるようになっていった．OR の基礎技法としては各種あるが，最適化は，その基礎理論の 1 つとして位置づけられ，理論とさらには現実の問題を解くための手法を提供してきた．

数理最適化では，**最適化問題**（**optimization problem**）を数式によって表現する．多くの場合，いろいろな条件が課されている．それらの条件を**制約条件**（**constraint**）という．最適化では当然目的や目標が存在し，目的をどれだけ達成しているかを表す指標を準備する．目的を達成するために選択する量を表した変数を**決定変数**（**decision variable**）という．制約条件が決定変数のとり得る領域を制限する．目的の達成度を表す指標は，決定変数の関数として表し**目的関数**（**objective function**）と呼ばれる．最適化問題とは，「決定変数 x のうち与えられた制約条件をすべて満足し目的関数 $f(x)$ の値が最小あるいは最大になるような x の値をみつける問題」である．この最適化問題の解 x は**最適解**（**optimal solution**）と呼ばれる．

最適化の手法では，決定変数をどのように修正をしていき最適解を効率的に探索するかということが肝である．最適化問題を式の形で表現することで数学の恩恵にあずかることができ，数理的な解決手法，すなわちアルゴリズムにより，最適解を系統的に求めることができるのである．さらに，それはコンピュータにより最適化の計算が実行可能となることを意味しており，現在では，さまざまな数理最適化のアルゴリズムがパッケージソフトとして整備され利用できる環境が整ってきている．

1.2 最適化で求められる基礎概念

最適化問題を数理的に記述していこう．目的関数と制約条件が決定変数の関数として定式化できるとすると最適化問題は一般に以下のように表現される．

最適化問題

$$
\begin{aligned}
&\text{目的関数:}\quad f(\boldsymbol{x}) \to \text{最小（あるいは最大）}\\
&\text{制約条件:}\quad \boldsymbol{x} \in S
\end{aligned}
\tag{1.1}
$$

多くの最適化問題では実数を用いるので $S \subseteq \mathbb{R}^n$ とする．$\mathbb{R}$ で実数全体の集合（実数体）を表す．ここで，$\boldsymbol{x}$ は n 次元実ベクトル，目的関数 f は n 次元実ベクトル空間 $\mathbb{R}^n$ 上で定義された実数値関数である．

制約条件を満たす $\boldsymbol{x} \in S$ を実行可能解（**feasible solution**）といい，その集合 $S \subseteq \mathbb{R}^n$ を実行可能領域（**feasible region**）あるいは実行可能集合（**feasible set**）という．実行可能解のうち目的関数が最小（あるいは最大）となるものが最適解（**optimal solution**）である．最適解を $\boldsymbol{x}^*$ とすると，そのときの目的関数の値 $f^* = f(\boldsymbol{x}^*)$ を最適値（**optimal value**）という．

注 1.1）$f(\boldsymbol{x})$ の最大値を求める最適化問題は，目的関数を $-f(\boldsymbol{x})$ にすることによって最小値を求める最適化問題に変換できるので，本書では特に断らない限りは最小化問題を考えよう．

今，最適解 $\boldsymbol{x}^*$ の存在を前提に最適解を説明したが，問題によっては最適解が存在しないこともある．この点について補足する．ここでは，関数の下限（**infimum:** inf）と最小値（**minimum:** min）や上限（**supremum:** sup）と最大値（**maximum:** max）を理解することがポイントである．

関数 $f : \mathbb{R}^n \to \mathbb{R}$ と集合 $S \subseteq \mathbb{R}^n$ を考える．すべての $\boldsymbol{x} \in S$ に対して $b \leq f(\boldsymbol{x})$ であるような最大の b を下限といい

$$\inf_{\boldsymbol{x} \in S} f(\boldsymbol{x}) \tag{1.2}$$

と書く．f が下に有界でない場合，$\inf_{\boldsymbol{x} \in S} f(\boldsymbol{x}) = -\infty$ である．$S = \emptyset$ の場合は，$\inf_{\boldsymbol{x} \in S} f(\boldsymbol{x}) = \infty$ と定義する．よって，下限 b としては，$b \in \mathbb{R} \cup \{-\infty, \infty\}$ である．

たとえば，f が下に有界でない場合や下に有界でも実行可能領域 S がその境界を含まない場合を考えると，$f(\boldsymbol{x}^*) = \inf_{\boldsymbol{x} \in S} f(\boldsymbol{x})$ となるような $\boldsymbol{x}^* \in S$ は存在しない．そのような $\boldsymbol{x}^*$ が存在するとき，

$$f(\boldsymbol{x}^*) = \min_{\boldsymbol{x} \in S} f(\boldsymbol{x})$$

である．すなわち $\boldsymbol{x}^*$ が最適（最小）解である．また，最適値 f^* は問題が実行不能のとき $f^* = \infty$，下に非有界のとき $f^* = -\infty$ であり，$\boldsymbol{x}^*$ が存在すれば $f^* = f(\boldsymbol{x}^*)$ である．上記 inf に関する説明において，最大と最小，不等号の向きを対称的に入れ替えると，上限

$$\sup_{\boldsymbol{x} \in S} f(\boldsymbol{x}) \tag{1.3}$$

についての定義になる．

正確には，min と inf，max と sup を区別するべきだが，実用上は，min と inf を最小化，max と sup を最大化としても問題になることは少ないので，特に必要なとき以外は最小化・最大化といういい方を用いる．

実行可能領域 S は，一般的には等式や不等式を用いて以下のように与えられる．もちろん，組合せ的な条件で与えられる場合は数式表現が難しいこともあるが，本書では数式で与えられる場合を対象とする．

制約つき最適化問題

$$\begin{array}{lll} \text{目的関数:} & f(\boldsymbol{x}) & \to \text{最小（あるいは最大）} \\ \text{制約条件:} & g_i(\boldsymbol{x}) \leq 0 & (i = 1, 2, \ldots, \ell) \\ & h_j(\boldsymbol{x}) = 0 & (j = 1, 2, \ldots, m) \end{array} \tag{1.4}$$

このように制約条件のある最適化問題を制約つき最適化問題（**constraint optimization problem**）と呼び，制約条件がない場合（すなわち $S = \mathbb{R}^n$）を制約なし最適化問題（**non-constraint optimization problem**）と呼ぶ．また，制約条件に現れる $g_i(\boldsymbol{x}), h_j(\boldsymbol{x})$ を制約関数（**constraint function**）という．

制約なし最適化問題

$$\begin{array}{lll} \text{目的関数:} & f(\boldsymbol{x}) & \to \text{最小（あるいは最大）} \\ \text{制約条件:} & \boldsymbol{x} \in \mathbb{R}^n & \end{array} \tag{1.5}$$

ここで，最適解の種類を説明する．図 1.2 では，変数が 1 つの場合について示したものである．実行可能領域 S 全体において目的関数 f が最小となる点を大域的最適解（**globally optimal solution**）という．そのまわり（近傍）に目的関数の値がもっと小さい実行可能解が存在しないような点を局所的最適解（**locally optimal solution**）という．明らかに，大域的最適解は局所的最適解でもあり，すべての局所的最適解の中で最も目的関数が小さいものが大域的最適解である．最適化問題で目的関数や制約条件が複雑な場合には大

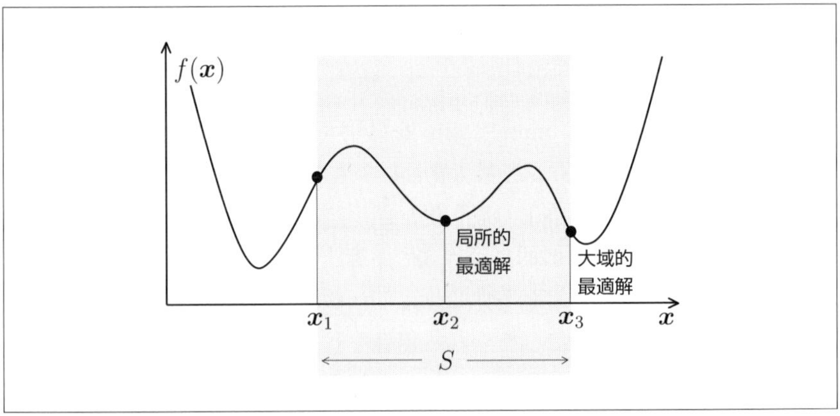

図 1.2　最適解の種類：局所最適解と大域的最適解

域的最適解をみつけることは容易ではない．そのような場合には，現実的には局所的最適解を求めることを目指す．

これまで紹介した最適化問題のように目的関数として 1 つだけを考慮して最適化する問題を単目的最適化（**single objective optimization**）という．世の中の最適化問題では，目的関数を複数考慮したい場合も多い．そのような最適化問題を多目的最適化（**multi-objective optimization**）という．

多目的最適化問題

$$
\begin{array}{lll}
\text{目的関数:} & f_q(\boldsymbol{x}) \ (q=1,2,\ldots,k) & \to \text{最小（あるいは最大）} \\
\text{制約条件:} & g_i(\boldsymbol{x}) \leq 0 & (i=1,2,\ldots,\ell) \\
 & h_j(\boldsymbol{x}) = 0 & (j=1,2,\ldots,m)
\end{array}
\tag{1.6}
$$

たとえば，ものづくりにおいて性能と費用の 2 つが目的関数の場合を考える．性能を上げるためには費用がかかり，費用を抑えようとすると性能を落とさなければいけない．このように通常考える多目的最適化では，各目的関数の間に一方をよくすると他方が悪くなるというトレードオフ（**trade-off**）の関係が存在する（というよりは，目的関数間にトレードオフ関係がなければ，そもそも単目的最適化として考えればよいので，トレードオフが存在するからこそ多目的最適化を行う意義がある）．トレードオフの関係性を把握したうえで，どちらの目的関数を重視するかというユーザの意思を反映した最良の解を求めることが重要である．日常でのいろいろな選択でも相反する評価指標があることがしばしばで，どの指標を重視するかを考慮して判断していることを思い出してほしい．ここでは，多目的最適化の最適解は，少し異なる意味合いをもつことだけ心にとどめておいていただき，詳細は 6.1 節で紹介する．

1.3 最適化問題の種類

最適化問題には，いろいろな種類の問題がある．どのような問題の種類があり，それらがどういう視点で分類されているか理解することが，この節の目的である．分類された各々の最適化問題を，最適化問題のクラス（**class**）と呼ぶことにする．最適化において，取り組もうとしている実際の問題がどのクラスの問題なのかを把握することはとても重要である．最適化問題のクラスごとに，どのような特徴や性質をもっているかが体系化されており，その性質を活かして各クラスごとに有効な最適化アルゴリズムやツールが開発されているからである．

1.3.1 最適化問題の分類

最適化問題を構成する役者は，決定変数・目的関数・制約条件の 3 つである．最適化問題はこれらの種類によっていろいろなクラスに分類される．すべての問題に対して，目的関数の数によって単目的・多目的の区分けがあることにも注意しておく．

以下，分類の全体像を示した図.1.1 や図 1.3 を適宜参照しながら読み進めてほしい．

❖ 決定変数

決定変数についてみると以下のように 2 つに分類される．

- 連続的な値をとる連続最適化問題（**continuous optimization problem**）
- 0 か 1，あるいは整数値のような離散的な値をとる離散最適化問題（**discrete optimization problem**）．離散最適化問題は，その組合せ的な性質のため組合せ最適化問題（**combinatorial optimization problem**）とも呼

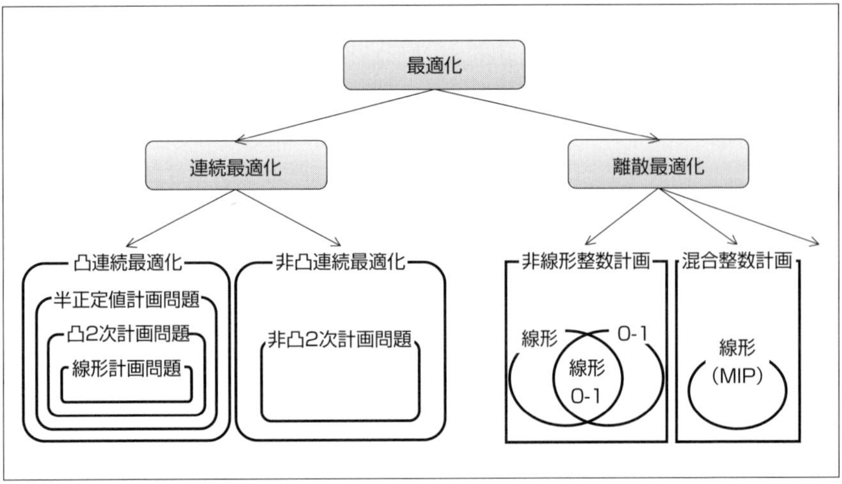

図 1.3　最適化問題の分類

ばれる．

本書では，連続最適化問題に的を絞って最適化の基礎と応用を紹介していく．離散最適化について，本書の読者には [2] を参照することをお勧めする．また，連続値をとる変数と離散値をとる変数が両方含まれる混合整数計画問題（**mixed integer programming problem**）は，離散最適化問題に分類される．

❖ 目的関数と制約条件

前節で最適化問題は制約条件の有無で大別されることを紹介した．現実の最適化では制約つきであることが多く，制約つき最適化問題の方がより一般的である．特に断らない限り制約つき最適化問題を中心に考える．最適化問題は，さらに，図 1.1 や図 1.3 に示すようにいくつかのクラスに分かれる．その際，2 つの分類の切り口があるので，その相互関係を理解することが重要である．

線形・非線形　まず，制約つき最適化問題は，線形・非線形で 2 つに分類される．

- 線形計画問題（**linear programming problem**）：目的関数が線形関数で制約条件が線形の等式・不等式で与えられる

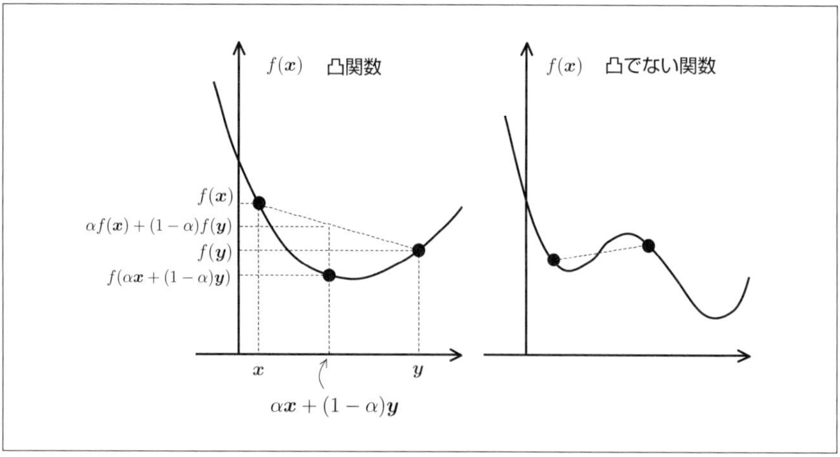

図 1.4　凸関数

- 非線形計画問題（**nonlinear programming problem**）：目的関数や制約条件が線形ではない

非線形計画問題の中で，特に，目的関数が 2 次式で定義され制約条件が線形の場合に **2 次形計画問題**（**quadratic programming problem**）という．

凸・非凸　さらに，最適化問題は，別の切り口である凸・非凸によって分類される．最適化問題を解くという観点では，問題の線形性よりも凸性（**convexity**）の方が本質的で重要な性質である．凸であることは以下で定義される．関数 f に対して

$$\boldsymbol{x}, \boldsymbol{y} \in \mathbb{R}^n, 0 \le \alpha \le 1 \Rightarrow f(\alpha \boldsymbol{x} + (1-\alpha)\boldsymbol{y}) \le \alpha f(\boldsymbol{x}) + (1-\alpha) f(\boldsymbol{y}) \quad (1.7)$$

が成り立つとき，f を**凸関数**（**convex function**）という（図 1.4 参照）．

また，集合 $S \subseteq \mathbb{R}^n$ に対して

$$\boldsymbol{x}, \boldsymbol{y} \in S, 0 \le \alpha \le 1 \Rightarrow (\alpha \boldsymbol{x} + (1-\alpha)\boldsymbol{y}) \in S \quad (1.8)$$

が成り立つとき（すなわち，感覚的にいえば，S 内で任意に選んだ $\boldsymbol{x}$ と $\boldsymbol{y}$ を結ぶ直線がすっぽり S に含まれるとき），S を**凸集合**（**convex set**）という．図 1.5 は，凸集合の例である．大雑把にいうと，凸であるとは目的関数や実行可

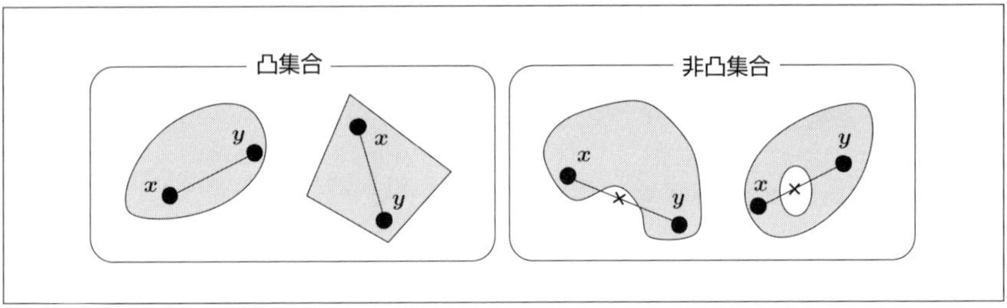

図 1.5　凸集合・非凸集合の例

能領域が凹んだりデコボコしていたりしない状況であるということである．

最適化問題はこの凸性を切り口として大きく以下 2 つに分けられる．

- **凸計画問題**（**convex programming problem**）：実行可能領域 S が凸集合で，目的関数 f が 凸関数である場合
- **非凸計画問題**（**nonconvex programming problem**）：実行可能領域あるいは目的関数が凸性をもたない場合

図 1.3 に示すように，凸計画問題には線形計画問題だけでなく，非線形計画問題のいくつかのクラスが含まれていることに注意する．すなわち，非線形計画問題でも凸性をもつ問題があるということであり，具体的には，2 次計画問題のうち凸なクラスである**凸 2 次計画問題**や**半正定値計画問題**（**semidefinite programming problem: SDP**）である．半正定値計画問題については，本書では扱わないが凸計画問題の 1 つとして大変興味深い分野である．興味のある読者は [1] を参照されたい．

ここで，凸最適化問題の大きな特徴は

$$\text{凸最適化問題: 『局所的最適値} = \text{大域的最適値』}$$

である．これにより凸最適化問題は，理論的にも実際の計算上も取り扱いやすい．凸最適化問題として定式される応用問題もたくさん知られている．もちろん，現実の問題では，凸最適化問題ではないものも多く，いくつも存在する局所最適解から大域的な最適解を求めることは一般にとても難しい．よって，その場合は局所最適解を求めることがまずは実際的な目的となる．

❖ その他の最適化問題

ここで紹介するのは，最適化問題のクラスというこれまでの分類の話とは少々異なるもので，どのクラスの最適化問題に対しても使われるアルゴリズムを設計するうえでの「パラダイム」とでも呼ぶべきものである．

不確実性のもとでの最適化 最適化問題をモデル化する場合に，過去のデータを用いた予測値を用いることも多く，それらの値は予測誤差を含んでいる．したがって，現実の問題では，いろいろな不確かさが存在している．そのような不確実性を取り扱う最適化の手法への期待は大きい．

不確かさを扱う基本的な方法として感度分析（**sensitivity analysis**）が知られている．ある最適化問題の最適解が得られたとき，もとの問題の目的関数や制約関数の係数が変動したときに最適解がどのように変化をするのか検証したいことが多々ある．このような分析を感度分析という．そもそもの問題を総合的に分析して意思決定などを行うには，問題の係数の変動に対する最適解の振る舞いまで考慮することはとても重要になる．現実の応用の場面では，最適解そのものよりも重要な情報として活用されることもある．

一般に感度分析では，目的関数や制約関数の係数や定数項が変動するとき，そのパラメータの微小変化に対して最適値がどのように変化するかを評価する．ここでは詳細には立ち入らない．非線形最適化の感度分析については [10,12] に詳しい理論の説明がある．また，線形計画問題の場合には，変動により変更された問題を最初から解きなおすことなく，変動前の最適解を利用して効率的に解くことのできる方法が，変化の状況（目的関数の係数が変化，制約条件の定数項が変化など）に応じて提案されている．これらの手法については [9,11] を参照されたい．

注 1.2) 目的関数や制約関数にパラメータが含まれる最適化問題をパラメトリック最適化（**parametric optimization**）と呼ぶ．パラメトリック最適化問題を解くということは，最適値をパラメータの関数（これを最適値関数（**optimal value function**）という）として陽に求めることであるが，一般に数値的計算による最適化のアルゴリズムによって最適値関数を求めることは困難である．よって，いわゆる感度分析ではパラメータの微小変化に対する最適値の変動を（近似的に）評価している．5.1 節で紹介する代数的なアプローチを用いるとパラメトリック最適化問題における最適値関数を陽に求めることが可能となる．その詳細については 5.3 節を参照されたい．

一方，最近では，より直接的に不確実性を取り扱う以下の方法が注目されている．

- 確率的最適化（**probablisitic optimization**）：不確実性を確率的な事象と捉え，目的関数値の期待値や分散あるいは制約条件を満たす確率などを評価して最適化を行う方法
- ロバスト最適化（**robust optimization**）：不確実性の範囲をあらかじめ（適切に）設定したうえで，その中で最悪の事態が発生したときを想定して最適化を行う方法

これらについては，第 7 章で簡単に紹介する．

多段階の最適化　最適化問題の中で，対象とする過程がいくつもの段階から構成されているような多段決定問題（**multistage decision problem**）とみなせる問題も多く存在する．多段決定問題とは与えられた多段決定過程に付随する目的関数を最適にするように決定の列（各段階における決定変数の値を並べたもの）を求める問題である．与えられた多段決定問題に対し，可能な決定の列を政策（**policy**）といい，目的関数を最適にする政策を最適政策（**optimal policy**）という．動的計画法（**dynamic programming**）とは，n 段階決定過程を n 個の 1 段階決定過程の列に直すことにより，多段決定問題を系統立てて逐次的に解く方法である．動的計画法は，1950 年以降にベルマン（R. Bellman）が発展させた理論手法で，離散最適化問題に対してもアルゴリズム設計のパラダイムとしてしばしば使われる．

動的計画法については，本書では紹介するだけにとどめる．詳細を知りたい読者は [14] を参照されたい．

1.3.2　最適化問題の変形

緩和問題　現実の最適化問題では，定式化された最適化問題の非凸性や大きさによってそのまま解けないこともしばしば起こる．そのような場合に，与えられた最適化問題をもう少し簡単な（解きやすい）問題に近似して，もとの問題の最適な目的関数値を見積もり，手掛かりを得る（場合によっては，最適解をみつけることも可能となる）というアプローチが考えられる．そのような問題を緩和問題（**relaxation problem**）という．

緩和問題は，最適化問題（式 (1.1)）における実行可能領域 S を S' $(S \subseteq S')$ に変更した問題や，同じ S の上で目的関数 f の値よりも常に小さい値をと

る目的関数 f' をもつような問題のことである．

緩和問題

$$
\begin{array}{llll}
\text{I.} & \text{目的関数:} & f(\boldsymbol{x}) \to \text{最小} & \\
 & \text{制約条件:} & \boldsymbol{x} \in S' \ (S \subseteq S') & \\
\text{II.} & \text{目的関数:} & f'(\boldsymbol{x}) \to \text{最小} \ (f'(\boldsymbol{x}) \leq f(\boldsymbol{x}), {}^\forall \boldsymbol{x} \in S) & \\
 & \text{制約条件:} & \boldsymbol{x} \in S &
\end{array}
\tag{1.9}
$$

たとえば，制約式をどれか取り除いてしまうことで，制約が緩められた簡単な問題が得られるが，制約を取り去ってしまうことは，緩和の度合いが強すぎて，緩和問題の最適解がもとの問題からかけ離れてしまうことがしばしば起こる．そこで，実際には，もっとよく考えられた緩和の方法が提案されている．

非凸最適化問題の場合，ある程度大きな問題になると大域的最適解を安定して求めることは難しく，局所的な最適解でも容易に求まらない場合もある．最近では，非凸最適化問題の中で，目的関数や制約関数が多項式で与えられる多項式最適化問題（**polynomial optimization problems: POP**）に対して，半正定値計画問題（**SDP**）を用いた緩和手法が盛んに研究されている．多項式最適化問題は，わりと広い非凸最適化問題を含むこともあり非凸最適化問題に対する有力な緩和手法として注目されている．多項式最適化問題の SDP 緩和手法については [15] などを参照されたい．

双対問題　与えられた最適化問題に対して，その双対問題（**dual problem**）と呼ばれるもう 1 つの最適化問題を考えることができる．このとき，もとの問題を主問題（**primal problem**）と呼ぶ．双対問題は，もとの問題を別の方向からみて問題を表現したもので，双対問題を考えることでより解きやすい問題に帰着できる場合がある．

また，双対性（**duality**）自体，理論的に興味深い数学的性質であるというだけではなく，感度分析やいろいろな最適化アルゴリズムを構成するさいにもよく利用される重要な概念である．双対性の理論的な部分は，2.2.2 項で非線形計画問題に対する双対理論を紹介する．また，線形計画問題の場合の双対問題の性質については 3.3.3 項の中で簡単に説明する．

第 2 章

最適化のこころ

本章では，最適化を理解するうえで必要な数学的概念を紹介し，最適化において基礎となる理論である最適性の条件と双対性について説明する．

	最適性条件	
	制約なし最適化問題	制約つき最適化問題
	目的関数 $f(\boldsymbol{x})$	ラグランジュ関数 $L(\boldsymbol{x}, \boldsymbol{\lambda}, \boldsymbol{\mu})$
1次 必要条件	$\nabla f(\boldsymbol{x}^*) = \boldsymbol{0}$	KKT条件
2次 必要条件	$\nabla f(\boldsymbol{x}^*) = \boldsymbol{0}$ $\nabla^2 f(\boldsymbol{x}^*)$ ：半正定値	KKT条件 $\boldsymbol{y}^T \nabla_{\boldsymbol{x}}^2 L(\boldsymbol{x}^*, \boldsymbol{\lambda}^*, \boldsymbol{\mu}^*)\ \boldsymbol{y} \geq 0$ $\forall \boldsymbol{y} \in V(\boldsymbol{x}^*)$
2次 十分条件	$\nabla f(\boldsymbol{x}^*) = \boldsymbol{0}$ $\nabla^2 f(\boldsymbol{x}^*)$ ：正定値	KKT条件 $\boldsymbol{y}^T \nabla_{\boldsymbol{x}}^2 L(\boldsymbol{x}^*, \boldsymbol{\lambda}^*, \boldsymbol{\mu}^*)\ \boldsymbol{y} > 0$ $\forall \boldsymbol{y}(\neq 0) \in V(\boldsymbol{x}^*)$

	双対性		
	主問題		双対問題
最適値	f^*	$\geq$	q^*
最適化 問題	$\begin{cases} \text{目的関数:} & f(\boldsymbol{x}) \to \text{最小} \\ \text{制約条件:} & g_i(\boldsymbol{x}) \leq 0 \\ & (i = 1, 2, \ldots, \ell) \\ & \boldsymbol{x} \in S \subseteq \mathbb{R}^n \end{cases}$		$\begin{cases} \text{目的関数:} & q(\boldsymbol{\lambda}) \to \text{最大} \\ \text{制約条件:} & \boldsymbol{\lambda} \geq \boldsymbol{0} \end{cases}$ $q(\boldsymbol{\lambda}) = \inf_{x \in S} L(\boldsymbol{x}, \boldsymbol{\lambda})$ $L(\boldsymbol{x}, \boldsymbol{\lambda}) = f(\boldsymbol{x}) + \sum \lambda_i g_i(\boldsymbol{x})$

図 2.1　最適性条件と双対性

2.1 数学的準備

最適化問題（式 (1.1)）では，与えられた目的関数 $f(\boldsymbol{x})$ の最小値を探すことを目的として，ある決定変数の値から探索を進める．最初の変数値からどこへ向かって探索していくのか決めるための情報として，関数 f の『傾き』を知ることが基本的な道具となる．そのために多変数関数の微分が重要な役割を担う．

2.1.1 勾配ベクトル

n 次元実ベクトル $\boldsymbol{x} = (x_1, \ldots, x_n)^T$ を変数とする実数値関数 $f(\boldsymbol{x})$ を考える．ここで，$(\ )^T$ はベクトルの縦と横の転置（**transpose**）を示す．本書では，行列の転置についても同様の記法を用いる．ベクトルに対する等式，不等式は全成分について成分ごとの等式，不等式を意味するとする．関数 f は，2 階導関数が存在しそれが連続関数である，すなわち **2 回連続微分可能**であるとする．関数 f に対して各変数 x_i に関する f の偏微分係数を要素とする n 次元ベクトルを，点 $\boldsymbol{x}$ における関数 f の勾配ベクトル（**gradient vector**）と呼び，以下のように書く．勾配ベクトルの方向が，その点において関数が最も大きく増加する方向で，その点を通る等高線と垂直な方向になっている．図 2.2 では，$f(x_1, x_2) = 6x_1^2 - 3x_1x_2 + 6x_2^2 - 8x_1 + 5x_2$ の場合の勾配ベクトルの様子を示している．

したがって，勾配ベクトルは，ある点で関数がどの方向にどれだけ傾いているのかを示しており，関数の最小化を行う際に重要な情報を提供している．

勾配ベクトル

$$\nabla f(\boldsymbol{x}) = \begin{pmatrix} \frac{\partial f(\boldsymbol{x})}{\partial x_1} \\ \frac{\partial f(\boldsymbol{x})}{\partial x_2} \\ \vdots \\ \frac{\partial f(\boldsymbol{x})}{\partial x_n} \end{pmatrix} \in \mathbb{R}^n \tag{2.1}$$

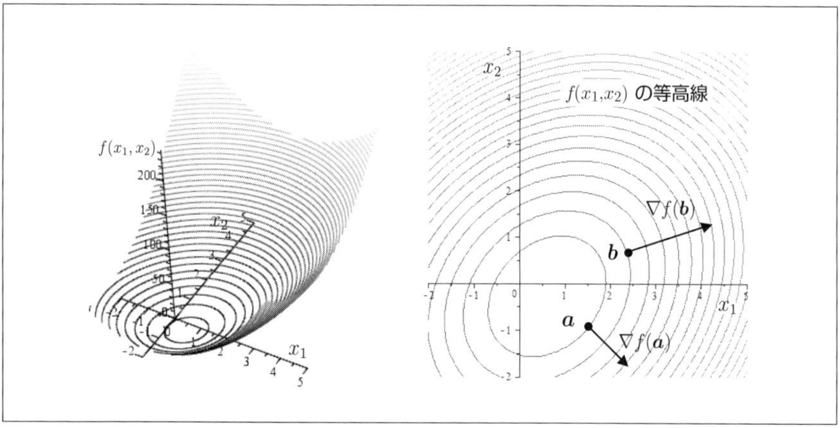

図 2.2　目的関数と勾配ベクトル

2.1.2　ヘッセ行列

さらに，勾配ベクトルをもう 1 度微分することを考えると，関数の様子についてより詳細な情報を得ることができる．関数 f の勾配ベクトル $\nabla f(\boldsymbol{x})$ は n 次元ベクトルなので，微分したものは以下に示すような f の 2 階偏微分係数を要素とする $n \times n$ 行列になる．ここで，$\nabla f(\boldsymbol{x})$ を微分して得られた行列を $\nabla^2 f(\boldsymbol{x})$ と書いている．行列 $\nabla^2 f(\boldsymbol{x})$ を，点 $\boldsymbol{x}$ における関数 f のヘッセ行列（**Hessian matrix**）という．ヘッセ行列は，対称行列となる．

ヘッセ行列

$$\nabla^2 f(\boldsymbol{x}) = \begin{pmatrix} \dfrac{\partial^2 f(\boldsymbol{x})}{\partial x_1^2} & \dfrac{\partial^2 f(\boldsymbol{x})}{\partial x_1 \partial x_2} & \cdots & \dfrac{\partial^2 f(\boldsymbol{x})}{\partial x_1 \partial x_n} \\ \dfrac{\partial^2 f(\boldsymbol{x})}{\partial x_2 \partial x_1} & \dfrac{\partial^2 f(\boldsymbol{x})}{\partial x_2^2} & \cdots & \dfrac{\partial^2 f(\boldsymbol{x})}{\partial x_2 \partial x_n} \\ \vdots & \vdots & \ddots & \vdots \\ \dfrac{\partial^2 f(\boldsymbol{x})}{\partial x_n \partial x_1} & \dfrac{\partial^2 f(\boldsymbol{x})}{\partial x_n \partial x_2} & \cdots & \dfrac{\partial^2 f(\boldsymbol{x})}{\partial x_n^2} \end{pmatrix} \in \mathbb{R}^{n \times n} \tag{2.2}$$

ヘッセ行列から関数の幾何学的な性質を知るための重要な手掛かりが得られる．一般の非線形関数 f に対して，任意の点 $\bar{\boldsymbol{x}}$ について 2 次の項までテイラー展開した関数 $\tilde{f}(\boldsymbol{x})$ を考える．

$$\begin{aligned}\tilde{f}(\boldsymbol{x}) &= f(\bar{\boldsymbol{x}}) + \sum_{i=1}^{n} \frac{\partial f(\bar{\boldsymbol{x}})}{\partial x_i}(x_i - \bar{x}_i) + \frac{1}{2}\sum_{i=1}^{n}\sum_{j=1}^{n} \frac{\partial^2 f(\bar{\boldsymbol{x}})}{\partial x_i \partial x_j}(x_i - \bar{x}_i)(x_j - \bar{x}_j) \\ &= f(\bar{\boldsymbol{x}}) + \nabla f(\bar{\boldsymbol{x}})^T(\boldsymbol{x} - \bar{\boldsymbol{x}}) + \frac{1}{2}(\boldsymbol{x} - \bar{\boldsymbol{x}})^T \nabla^2 f(\bar{\boldsymbol{x}})(\boldsymbol{x} - \bar{\boldsymbol{x}}) \qquad (2.3)\end{aligned}$$

$\tilde{f}(\boldsymbol{x})$ は点 $\bar{\boldsymbol{x}}$ のまわりで f を近似した関数なので，ヘッセ行列は一般に非線形関数に対しても少なくとも局所的な性質についての情報をもっている．特に，ヘッセ行列を用いて関数が凸関数であるための条件を書き下すことができる．関数 f が凸関数ならば任意の点 $\boldsymbol{x}$ においてヘッセ行列 $\nabla^2 f(\boldsymbol{x})$ が半正定値であり，その逆も正しい（行列の半正定値性については以下の注 2.1 を参照されたい）．

注 2.1）本書でしばしば使われる行列の正定値性・半正定値性について簡単に説明しておく．

- $n \times n$ 行列 $\boldsymbol{A}$ が任意の n 次元ベクトル $\boldsymbol{x}$ に対して，$\boldsymbol{x}^T \boldsymbol{A}\boldsymbol{x} \geq 0$ を満たすとき行列 $\boldsymbol{A}$ は半正定値であるという．$\boldsymbol{A}$ が対称行列のときは，$\boldsymbol{A}$ が半正定値であることと $\boldsymbol{A}$ の固有値がすべて非負であることは同値である．
- $n \times n$ 行列 $\boldsymbol{A}$ が任意の n 次元ベクトル $\boldsymbol{x}(\neq \boldsymbol{0})$ に対して，$\boldsymbol{x}^T \boldsymbol{A}\boldsymbol{x} > 0$ を満たすとき行列 $\boldsymbol{A}$ は正定値であるという．$\boldsymbol{A}$ が対称行列のときは，$\boldsymbol{A}$ が正定値であることと $\boldsymbol{A}$ のすべての固有値が正であることは同値である．

2.2 基本となる理論

ここまでで勾配ベクトル（1 次の微分係数）とヘッセ行列（2 次の微分係数）を導入し，関数の凸性の条件を数学的に表現することをみてきた．ここでは，さらに勾配ベクトルとヘッセ行列を用いて最適解が満たすべき条件や最適解になることを保証する条件を紹介する．これらの条件をまとめて最適性条件（**optimality condition**）という．最適性条件は，最適化アルゴリズムを考えるうえでの基礎となるものであり，アルゴリズムの収束を保証するための重要な役割も果たすものである．

また，本節の後半では最適化問題の双対性について説明する．双対定理はとてもきれいな理論であるとともに，しばしば優れた最適化アルゴリズムの基礎となるものである．最適化問題に応じて様々な双対定理（**duality theorem**）があるが，ここでは非線形計画問題に対して紹介する．線形計画問題の場合の双対問題の性質については 3.3.3 項において簡単に触れる．

2.2.1　最適性条件

制約がない場合の最適性条件

制約なし最適化問題 (式 (1.5)) については最適性条件は以下の 3 つがある．

- 1 次の必要条件　(勾配ベクトル)
- 2 次の必要条件　(勾配ベクトル・ヘッセ行列)
- 2 次の十分条件　(勾配ベクトル・ヘッセ行列)

1 次の最適性条件よりも 2 次の条件がより詳細な最適解の情報を与えてくれる点や 2 次の最適性条件は，必要十分条件ではなく必要条件と十分条件にはギャップが存在することに留意して以下の説明をみていただきたい．以下，目的関数 f は 2 回連続微分可能と仮定する．

❖ 1 次の必要条件

制約なし最適化問題 (式 (1.5)) において点 $\boldsymbol{x}^*$ が局所的最適解であるとする．点 $\boldsymbol{x}^*$ において明らかに関数 f の勾配はゼロになっている．したがって，以下の条件 (式 (2.4)) が，点 $\boldsymbol{x}^*$ が制約なし最適化問題 (式 (1.5)) の局所的最適解であるための必要条件である．条件 (式 (2.4)) は，関数 f の 1 次微分係数を使って書かれているので，問題 (式 (1.5)) に対する最適性の **1 次の必要条件**という．

制約なし最適化問題：1 次の必要条件

定理 2.1 制約なし最適化問題 (式 (1.5)) において f は連続微分可能とする．このとき，点 $\boldsymbol{x}^*$ が局所的最適解であれば，

$$\nabla f(\boldsymbol{x}^*) = \boldsymbol{0} \tag{2.4}$$

が成立する．ここで，$\boldsymbol{0}$ は n 次元 0 ベクトルである．

条件 (2.4) を満たす点 $\boldsymbol{x}^*$ は必ずしも問題 (式 (1.5)) の局所的最適解であるとは限らない．すなわち条件 (式 (2.4)) は，十分条件ではないことに注意する．条件 (2.4) を満たす点を関数 f の停留点 (**stationary point**) と呼ぶ．

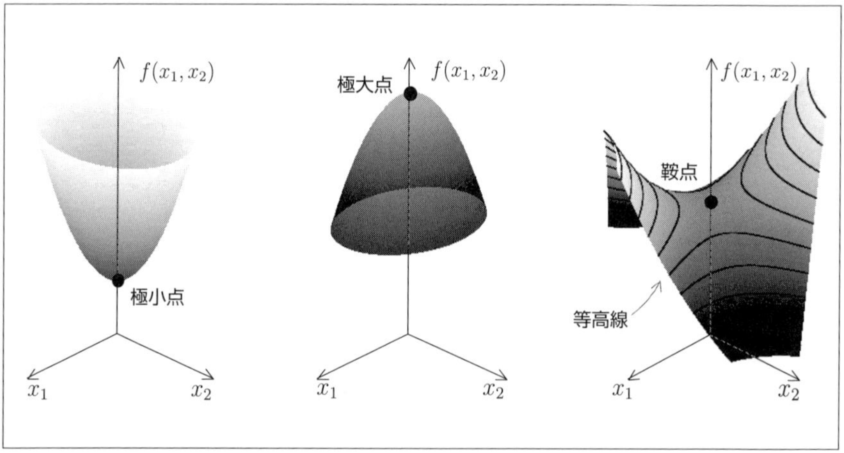

図 2.3　停留点の種類

停留点には関数 f が最小となる点（極小点）だけでなく関数 f が最大となる点（極大点）や鞍点（**saddle point**）も含まれる（図 2.3 参照）．鞍点とは，ある方向にはその点が最小で，別の方向ではその点が最大となっているような点のことである．馬の背中に乗せる鞍や自転車のサドルの中心の点というイメージである．

注 2.2）関数 f が凸関数の場合，条件 (2.4) はより強い最適性の条件となる．関数 f が凸関数とすると任意の $\boldsymbol{x}, \boldsymbol{y}$ について

$$f(\boldsymbol{x}) - f(\boldsymbol{y}) \geq \nabla f(\boldsymbol{y})^T (\boldsymbol{x} - \boldsymbol{y}) \tag{2.5}$$

がいえるので，この式で $\boldsymbol{y} = \boldsymbol{x}^*$ として，式 (2.4) をいれれば，すべての $\boldsymbol{x}$ について $f(\boldsymbol{x}) \geq f(\boldsymbol{x}^*)$ が示せる．よって，凸関数の場合には，式 (2.4) は必要十分条件であり，さらには大域的最適解であることを保証している．まとめると「f が凸関数のとき，式 (2.4) は点 $\boldsymbol{x}^*$ が問題（式 (1.5)）の大域的最適解であるための必要十分条件」である．

❖ 2 次の必要条件

引き続き，局所的最適解の性質をみてみる．点 $\boldsymbol{x}^*$ が局所的最適解であるとすると，まず式 (2.4) が成立するが，さらにヘッセ行列をみると

$$\nabla^2 f(\boldsymbol{x}^*) \text{ は半正定値} \tag{2.6}$$

が成り立っている．条件（式 (2.4)）と条件（式 (2.6)）とをあわせて（関数 f の 2 次微分係数まで用いているので）最適化問題（式 (1.5)）に対する最適

性の **2** 次の必要条件という．

制約なし最適化問題：2 次の必要条件

定理 2.2 制約なし最適化問題 (1.5) において f は 2 回連続微分可能とする．このとき，点 $\boldsymbol{x}^*$ が局所的最適解であれば，以下が成立する．

$$\nabla f(\boldsymbol{x}^*) = \boldsymbol{0} \tag{2.4}$$

$$\nabla^2 f(\boldsymbol{x}^*) \text{ は半正定値} \tag{2.6}$$

式 (2.6) が成り立つことを，背理法で示す．$\nabla^2 f(\boldsymbol{x}^*)$ が半正定値でないとすると

$$\boldsymbol{d}^T\ \nabla^2 f(\boldsymbol{x}^*)\ \boldsymbol{d} < 0 \tag{2.7}$$

を満たすようなベクトル $\boldsymbol{d} \neq \boldsymbol{0}$ が存在する．目的関数 f は 点 $\boldsymbol{x}^*$ のまわりで

$$\begin{aligned} & f(\boldsymbol{x}^* + \alpha \boldsymbol{d}) \\ & = f(\boldsymbol{x}^*) + \alpha \nabla f(\boldsymbol{x}^*)^T \boldsymbol{d} + \frac{\alpha^2}{2} \boldsymbol{d}^T \nabla^2 f(\boldsymbol{x}^*) \boldsymbol{d} + [\text{高次の項}] \end{aligned} \tag{2.8}$$

と書ける．右辺の第 2 項は式 (2.4) より 0 であり，高次の項は α の 3 次以上の項で $|\alpha|$ が十分に小さいときに第 3 項に比べて無視できる．よって，$|\alpha|$ が十分小さいとき，式 (2.7) より

$$f(\boldsymbol{x}^* + \alpha \boldsymbol{d}) < f(\boldsymbol{x}^*) \tag{2.9}$$

が成立する．これは $\boldsymbol{x}^*$ が局所的最適解であることに矛盾する．よって 式 (2.6) が成立することが示された．

❖ 2 次の十分条件

これまで必要条件を考えてきたが，次に十分条件を考えよう．ヘッセ行列が正定値であれば以下のように十分条件が求まる．

目的関数 f の $\boldsymbol{x}^*$ まわりでの表現（式 (2.8)）から，式 (2.4) と

$$\nabla^2 f(\boldsymbol{x}^*) \text{ は正定値} \tag{2.10}$$

であること，すなわち任意のベクトル $\boldsymbol{d} \neq \boldsymbol{0}$ に対して $\boldsymbol{d}^T \nabla^2 f(\boldsymbol{x}^*) \boldsymbol{d} > 0$ と

いう条件が成立すると，$|\alpha|$ が十分に小さいときに常に

$$f(\boldsymbol{x}^* + \alpha \boldsymbol{d}) > f(\boldsymbol{x}^*) \tag{2.11}$$

となることがいえる．これは，点 $\boldsymbol{x}^*$ が問題 (1.5) の局所的最適解であることにほかならない．よって，式 (2.4) と式 (2.10) とをあわせて最適化問題（式 (1.5)）に対する最適性の **2 次の十分条件**という．

制約なし最適化問題：2 次の十分条件

定理 2.3 制約なし最適化問題（式 (1.5)）において f は 2 回連続微分可能とする．このとき，点 $\boldsymbol{x}^*$ が以下の 2 つの条件を満たすならば，$\boldsymbol{x}^*$ は局所的最適解である．

$$\nabla f(\boldsymbol{x}^*) = \boldsymbol{0} \tag{2.4}$$

$$\nabla^2 f(\boldsymbol{x}^*) \text{ は正定値} \tag{2.10}$$

2 次の最適性条件が必要十分条件ではなく，必要条件と十分条件とが別々にあることは，その間にギャップがあることを示している．最後に，2 次の必要条件と十分条件のギャップについて以下にまとめておく．

- 局所的最適解は必ず 2 次の必要条件を満たすが，必要条件を満たしたとしても局所的最適解とは限らない
- 2 次の十分条件を満たす点は局所的最適解であると保証されるが，2 次の十分条件を満たさない局所的最適解も存在することがある

制約がある場合の最適性条件

次に，制約つき最適化問題（式 (1.4)）の最適性条件についてみてみよう．制約なしの場合には点 $\boldsymbol{x}^*$ が局所的最適解であれば勾配ベクトルがゼロになるが，制約つきの問題の場合には，局所的最適解が実行可能領域の境界上に存在するということが起こる．そのような場合は，目的関数の勾配ベクトルはゼロになるとは限らないため，制約つきの問題の場合には，目的関数だけでなく制約条件に含まれる関数（制約関数）も考慮しなくてはいけない．このために，重要な役割を果たすのが目的関数 f と制約関数 g_i, h_j から構成されるラグランジュ関数（**Lagrangian function**）である．ここで紹介する制約つき最適化問題の最適性条件の結果は，目的関数のかわりにラグランジュ関

数を用いて，制約なし最適化問題の最適性条件を自然なかたちで拡張したものになっている．

制約つき最適化問題（式（1.4））に対するラグランジュ関数は以下で定義される．

ラグランジュ関数

$$L(\boldsymbol{x}, \boldsymbol{\lambda}, \boldsymbol{\mu}) = f(\boldsymbol{x}) + \boldsymbol{\lambda}^T \boldsymbol{g}(\boldsymbol{x}) + \boldsymbol{\mu}^T \boldsymbol{h}(\boldsymbol{x}) \tag{2.12}$$

$$= f(\boldsymbol{x}) + \sum_{i=1}^{\ell} \lambda_i g_i(\boldsymbol{x}) + \sum_{j=1}^{m} \mu_j h_j(\boldsymbol{x}) \tag{2.13}$$

ここで $(\boldsymbol{\lambda}, \boldsymbol{\mu}) = (\lambda_1, \ldots, \lambda_\ell, \mu_1, \ldots, \mu_m)$ をラグランジュ乗数（**Lagrange multiplier**）という．

制約つきの場合，等式制約だけの場合や，不等式制約だけの問題，等式・不等式制約両方が含まれる問題の場合があるが，ここでは，両方含まれる一般的な形で最適性条件を紹介する．

注 2.3）制約つき最適化問題において，等式制約は，不等式制約の組で表現できる（2.2.2 項の制約つき最適化問題について双対性の説明（p.39）を参照）．また逆に，不等式制約を等式制約に交換することができる（3.2.2 項（p.57），3.2.4 項の注 3.6（p.63），3.3 節（p.69）を参照）．

制約つき最適化問題についても制約なし最適化問題のときと同様に 3 つの最適性条件がある．

- 1 次の必要条件　（KKT 条件）
- 2 次の必要条件　（KKT 条件・ラグランジュ関数のヘッセ行列）
- 2 次の十分条件　（KKT 条件・ラグランジュ関数のヘッセ行列）

実行可能解 $\boldsymbol{x}$ は各不等式条件 $g_i(\boldsymbol{x}) \leq 0$ を真に不等式で満たす場合と等式で満たす場合とがある．実行可能解 $\boldsymbol{x}$ に対して $g_i(\boldsymbol{x}) = 0$ が成り立つとき，この制約式は点 $\boldsymbol{x}$ で有効（**active**）であるといい，この制約式を点 $\boldsymbol{x}$ での有効制約（**active constraint**）であるという．当然ながら等式制約条件 $h_j(\boldsymbol{x}) = 0$ は有効制約である．また，実行可能解 $\boldsymbol{x}$ での有効制約の勾配ベクトルが互いに 1 次独立であるとき，$\boldsymbol{x}$ は正則（**regular**）であるという．

❖ 1 次の必要条件

制約つき最適化問題 (1.4) に対する 1 次の最適性必要条件は，ラグランジュ関数の勾配ベクトルを用いて以下で与えられる．

制約つき最適化問題：1 次の必要条件

定理 2.4 $\boldsymbol{x}^* \in \mathbb{R}^n$ を制約つき最適化問題（式 (1.4)）の実行可能解とすると

$$g_i(\boldsymbol{x}^*) \leq 0 \;\; (i = 1, 2, \ldots, \ell), \tag{2.14}$$

$$h_j(\boldsymbol{x}^*) = 0 \;\; (j = 1, 2, \ldots, m) \tag{2.15}$$

が成り立つ．目的関数 f と制約関数 g_i, h_j はすべて連続微分可能，また $\boldsymbol{x}^*$ は正則であるとする．このとき，$\boldsymbol{x}^*$ が局所的最適解であるとすると，以下の条件を満たすラグランジュ乗数ベクトル $\boldsymbol{\lambda}^*, \boldsymbol{\mu}^*$ が存在する．

$$\nabla_{\boldsymbol{x}} L(\boldsymbol{x}^*, \boldsymbol{\lambda}^*, \boldsymbol{\mu}^*) = \nabla f(\boldsymbol{x}^*) + \sum_{i=1}^{\ell} \lambda_i^* \nabla g_i(\boldsymbol{x}^*) + \sum_{j=1}^{m} \mu_j^* \nabla h_j(\boldsymbol{x}^*) = \boldsymbol{0} \tag{2.16}$$

$$\lambda_i^* \geq 0 \qquad (i = 1, 2, \ldots, \ell) \tag{2.17}$$

$$\lambda_i^* g_i(\boldsymbol{x}^*) = 0 \;\; (i = 1, 2, \ldots, \ell) \tag{2.18}$$

この定理に現れた 5 つの条件（式 (2.14)〜(2.18)）をカルーシュ・キューン・タッカー条件（**KKT 条件**）（**Karush-Kuhn-Tucker condition**）と呼び，KKT 条件を満足する点 $(\boldsymbol{x}^*, \boldsymbol{\lambda}^*, \boldsymbol{\mu}^*)$ を **KKT 点**という．

KKT 条件は制約つき最適化問題（式 (1.4)）の最適性必要条件を考えるうえで最も重要で基本的な条件である．そこで，少し詳しく KKT 条件の意味合いを考えてみよう．

KKT 条件

$$\nabla f(\boldsymbol{x}^*) + \sum_{i=1}^{\ell} \lambda_i^* \nabla g_i(\boldsymbol{x}^*) + \sum_{j=1}^{m} \mu_j^* \nabla h_j(\boldsymbol{x}^*) = \mathbf{0} \tag{2.16}$$

$$h_j(\boldsymbol{x}^*) = 0 \quad (j = 1, 2, \ldots, m) \tag{2.15}$$

$$g_i(\boldsymbol{x}^*) \leq 0 \quad (i = 1, 2, \ldots, \ell) \tag{2.14}$$

$$\lambda_i^* \geq 0 \quad (i = 1, 2, \ldots, \ell) \tag{2.17}$$

$$\lambda_i^* g_i(\boldsymbol{x}^*) = 0 \quad (i = 1, 2, \ldots, \ell) \tag{2.18}$$

条件（式 (2.16)）は，$\boldsymbol{x}^*$ においては，目的関数の勾配ベクトル $\nabla f(\boldsymbol{x}^*)$ と制約関数の勾配ベクトル $\nabla g_i(\boldsymbol{x}^*), \nabla h_j(\boldsymbol{x}^*)$ が釣り合っているような状態であることを意味している．この釣り合い状態が最適解であることを特徴づける顕著な性質となっており，ほかの条件は釣り合いに課される諸条件という位置づけである．具体的な例として，例 2.1 で制約つき最適化問題 (2.19) の場合について説明する．この例題の場合，$\boldsymbol{x}^*$ における釣り合いの様子は図 2.4 に示すようになっている．

式 (2.16) において，ラグランジュ乗数 $\boldsymbol{\lambda}^*, \boldsymbol{\mu}^*$ は釣り合い状態における各制約条件に対する重みを表すもので，不等式制約条件 g_i に対応するラグランジュ乗数 λ_i^* については，条件（式 (2.17)）より，非負であることが条件

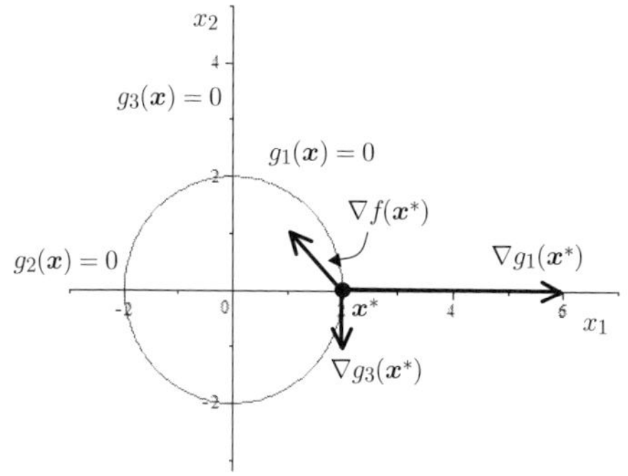

図 2.4　KKT 条件: 釣り合いの様子

になっている．等式制約 h_j に対応する μ_j^* については符号条件はない．この釣り合い状態に対して，もう１つ要求されているのが式 (2.18) で，**相補性条件**（**complementary condition**）と呼ばれる．この条件が示しているのは，有効でない制約条件 $g_i < 0$ に対しては $\lambda_i^* = 0$ となるということである．つまり，釣り合い状態（式 (2.16)）を成すのは目的関数の勾配ベクトルと「有効な」制約関数の勾配ベクトルであることがわかる．残りの条件（式 (2.15) と (2.14)）は，いうまでもなく $\boldsymbol{x}^*$ が実行可能解であることを課している．

制約つき最適化問題を解くことは，KKT 条件の５つの条件を満足する点 $(\boldsymbol{x}^*, \boldsymbol{\lambda}^*, \boldsymbol{\mu}^*)$ を見つけることに帰着される．このことを思い起こしながら第3章で説明する制約つき最適化問題のアルゴリズムを読み進めていただきたい．

例 **2.1** 次の問題を考える．

$$\begin{aligned} &\text{目的関数:} && f(\boldsymbol{x}) = -x_1 + x_2 && \rightarrow \text{最小} \\ &\text{制約条件:} && g_1(\boldsymbol{x}) = x_1^2 + x_2^2 - 4 \leq 0 \\ &&& g_2(\boldsymbol{x}) = -x_1 \leq 0 \\ &&& g_3(\boldsymbol{x}) = -x_2 \leq 0 \end{aligned} \tag{2.19}$$

この問題の最適解は $\boldsymbol{x}^* = (2, 0)^T$ である．このとき，

$$g_1(\boldsymbol{x}^*) = 0,\ g_2(\boldsymbol{x}^*) = -2 < 0,\ g_3(\boldsymbol{x}^*) = 0$$

であるので，有効制約は，$g_1(\boldsymbol{x}), g_3(\boldsymbol{x})$ である．また，

$$\nabla f(\boldsymbol{x}^*) = (-1, 1)^T,\ \nabla g_1(\boldsymbol{x}^*) = (4, 0)^T,\ \nabla g_3(\boldsymbol{x}^*) = (0, -1)^T$$

なので，KKT 条件を満たすラグランジュ乗数は

$$\boldsymbol{\lambda}^* = \left(\frac{1}{4}, 0, 1\right)^T$$

である．すなわち，最適解 $\boldsymbol{x}^* = (2, 0)^T$ が KKT 条件を満たしていることがわかる．

注 2.4) 定理 2.4 で最適性必要条件は，KKT 条件に $\boldsymbol{x}^*$ の正則性を仮定している．このような条件を制約想定（constraint qualification）という．正則性の仮定を完全にはずすことはできないことが知られているが，それにかわる制約想定について詳しく研究されている（たとえば [10] が詳しい）．

注 2.5) KKT 条件は最適性の十分条件ではないので，KKT 条件（式 (2.14)〜(2.18)）は必ずしも $\boldsymbol{x}^*$ が局所的最適解であることを意味しないが，凸最適化問題の場合には KKT 条件を満たす $(\boldsymbol{x}^*, \boldsymbol{\lambda}^*, \boldsymbol{\mu}^*)$ が存在するときその $\boldsymbol{x}^*$ は（大域的）最適解である．

❖ 2 次の必要条件

制約なし最適化問題のときと同様に 2 次微分係数を用いた最適性条件を考える．ラグランジュ関数（式 (2.12)）の変数 $\boldsymbol{x}$ に関するヘッセ行列を

$$\nabla^2_{\boldsymbol{x}} L(\boldsymbol{x}, \boldsymbol{\lambda}, \boldsymbol{\mu}) = \nabla^2 f(\boldsymbol{x}) + \sum_{i=1}^{\ell} \lambda_i \nabla^2 g_i(\boldsymbol{x}) + \sum_{j=1}^{m} \mu_j \nabla^2 h_j(\boldsymbol{x}) \tag{2.20}$$

と書く．このとき，次の定理が成り立つことが知られている．これは制約なし問題に対する条件（式 (2.6)）を制約つき最適化問題に拡張したものになっていることがわかる．KKT 条件と式 (2.22) をあわせて最適性の **2 次の必要条件**という．

制約つき最適化問題：2 次の必要条件

定理 2.5 制約つき最適化問題 (1.4) の実行可能解 $\boldsymbol{x}^*$ が局所的最適解であるとする．定理 2.4 の仮定に加えて，目的関数と制約関数は 2 回連続微分可能とする．また，$\boldsymbol{x}^*$ における有効制約の制約関数の集合を $A(\boldsymbol{x}^*)$ とし，すべての有効制約の勾配ベクトルと直交するベクトルの集合を

$$V(\boldsymbol{x}^*) = \{\boldsymbol{y} \in \mathbb{R}^n | \nabla c_i(\boldsymbol{x}^*)^T \boldsymbol{y} = 0 \ \ (c_i \in A(\boldsymbol{x}^*))\} \tag{2.21}$$

とする．このとき，KKT 条件（式 (2.14)〜(2.18)）に加え，次を満たすラグランジュ乗数 $\boldsymbol{\lambda}^*, \boldsymbol{\mu}^*$ が存在する．

$$\boldsymbol{y}^T \ \nabla^2_{\boldsymbol{x}} L(\boldsymbol{x}^*, \boldsymbol{\lambda}^*, \boldsymbol{\mu}^*) \ \boldsymbol{y} \geq 0, \ \ \forall \boldsymbol{y} \in V(\boldsymbol{x}^*). \tag{2.22}$$

❖ 2 次の十分条件

2 次の十分条件も，制約なし最適化問題に対する条件（式 (2.10)）を制約つき最適化問題に拡張した以下の定理が成り立つ．条件 (2.22) と (2.23) の違いは等号である．制約なし最適化問題のときの 2 次の必要条件と十分条件の

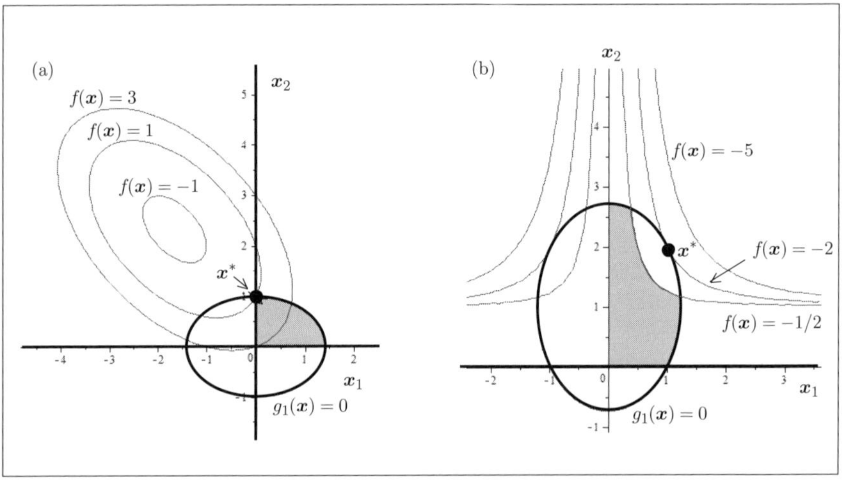

図 2.5　制約つき最適化問題の 2 次の最適性条件の例: (a) 式 (2.24), (b) 式 (2.25)

違いが，目的関数のヘッセ行列が半正定値か正定値かのところであったことにちょうど対応している．

制約つき最適化問題：2 次の十分条件

定理 2.6 制約つき最適化問題（式 (1.4)）において目的関数と制約関数は 2 回連続微分可能であるとする．KKT 条件を満たす $(\boldsymbol{x}^*, \boldsymbol{\lambda}^*, \boldsymbol{\mu}^*)$ に対して，さらに，

$$\boldsymbol{y}^T \ \nabla^2_{\boldsymbol{x}} L(\boldsymbol{x}^*, \boldsymbol{\lambda}^*, \boldsymbol{\mu}^*) \ \boldsymbol{y} > 0, \quad \forall \boldsymbol{y}(\neq \boldsymbol{0}) \in V(\boldsymbol{x}^*). \tag{2.23}$$

が成立するとき，$\boldsymbol{x}^*$ は最適化問題（式 (1.4)）の局所的最適解である．

本書では，最適性条件の意味するところを具体的に理解することを主眼としており，以下で上記の制約つき最適化問題に対する 2 次の最適性条件について 2 つの例を用いて丁寧に解説する．定理 2.4, 定理 2.5, 定理 2.6 の証明の詳細については割愛した．例をたどれば各定理の主旨を十分に理解できると思うが，さらに証明の詳細に興味がある読者はたとえば [11, 12] を参照されたい．

例 **2.2** 次の制約つき最適化問題を考えよう．

$$\begin{aligned} \text{目的関数:} \quad & f(\boldsymbol{x}) = x_1^2 + x_1x_2 + x_2^2 + x_1 - 3x_2 + 3 \quad \to \text{最小} \\ \text{制約条件:} \quad & g_1(\boldsymbol{x}) = x_1^2 + 2x_2^2 - 2 \le 0 \\ & g_2(\boldsymbol{x}) = -x_1 \le 0 \\ & g_3(\boldsymbol{x}) = -x_2 \le 0 \end{aligned} \tag{2.24}$$

図 2.5(a) は，最適化問題（式 (2.24)）について図示したもので，少し太めの線が制約関数 $g_i(\boldsymbol{x})$ を表しており，グレーの領域が $\boldsymbol{x}$ の実行可能領域である．左上に傾いた楕円が 3 つあるが，これらは目的関数 $f(\boldsymbol{x})$ の等高線を表している．この図から，目的関数 $f(\boldsymbol{x})$ は $\bullet$ の点すなわち $\boldsymbol{x} = (0, 1)$ で最小値 1 をとることがわかる．よって，この問題の最適解は $\boldsymbol{x}^* = (0, 1)$ である．このとき，

$$g_1(\boldsymbol{x}^*) = 0,\ g_2(\boldsymbol{x}^*) = 0,\ g_3(\boldsymbol{x}^*) = -1 < 0$$

より，有効制約は $g_1(\boldsymbol{x}), g_2(\boldsymbol{x})$ である（すなわち，$A(\boldsymbol{x}^*) = \{g_1(\boldsymbol{x}), g_2(\boldsymbol{x})\}$）．このことは，図 2.5(a) からもわかる．

目的関数と有効制約関数の勾配ベクトルは以下である．

$$\nabla f(\boldsymbol{x}) = \begin{pmatrix} 2x_1 + x_2 + 1 \\ x_1 + 2x_2 - 3 \end{pmatrix}, \nabla g_1(\boldsymbol{x}) = \begin{pmatrix} 2x_1 \\ 4x_2 \end{pmatrix}, \nabla g_2(\boldsymbol{x}) = \begin{pmatrix} -1 \\ 0 \end{pmatrix}$$

よって，$\lambda_3^* = 0$ として，KKT 条件（式 (2.14)〜(2.18)）から以下の連立代数方程式が得られる（これは，先に説明した目的関数の勾配ベクトルと有効制約関数の勾配ベクトルの釣り合いの式である．また，この問題では等式制約 $h_i(\boldsymbol{x})$ がないので $\boldsymbol{\mu}$ もないことに注意）．

$$\begin{aligned} & \nabla f(\boldsymbol{x}) + \lambda_1 \nabla g_1(\boldsymbol{x}) + \lambda_2 \nabla g_2(\boldsymbol{x}) \\ & \quad = \begin{pmatrix} 2x_1 + x_2 + 1 \\ x_1 + 2x_2 - 3 \end{pmatrix} + \lambda_1 \begin{pmatrix} 2x_1 \\ 4x_2 \end{pmatrix} + \lambda_2 \begin{pmatrix} -1 \\ 0 \end{pmatrix} = \mathbf{0} \\ & g_1(\boldsymbol{x}) = x_1^2 + 2x_2^2 - 2 = 0 \\ & g_2(\boldsymbol{x}) = -x_1 = 0 \end{aligned}$$

この連立代数方程式を $x_1, x_2, \lambda_1, \lambda_2$ について解くと次の 2 つの解を得る．

$$\{x_1 = 0, x_2 = 1, \lambda_1 = \frac{1}{4}, \lambda_2 = 2\},\ \{x_1 = 0, x_2 = -1, \lambda_1 = -\frac{5}{4}, \lambda_2 = 0\}$$

ただし，後者は実行可能でもなく，KKT 条件の $\lambda_i^* \geq 0$ 式 (2.17) も満たさない．よって，解としては前者となる．まとめると，

$$\boldsymbol{x}^* = (0, 1),\ \boldsymbol{\lambda}^* = \left(\frac{1}{4}, 2, 0\right)$$

であり，この解が 1 次の最適性必要条件を満足していることが確認できる．

次に 2 次の最適性必要条件を調べてみよう．目的関数と有効制約関数のヘッセ行列は以下となる．

$$\nabla^2 f(\boldsymbol{x}) = \begin{pmatrix} 2 & 1 \\ 1 & 2 \end{pmatrix}, \nabla^2 g_1(\boldsymbol{x}) = \begin{pmatrix} 2 & 0 \\ 0 & 4 \end{pmatrix}, \nabla^2 g_2(\boldsymbol{x}) = \begin{pmatrix} 0 & 0 \\ 0 & 0 \end{pmatrix}$$

したがって，$\nabla^2_{\boldsymbol{x}} L(\boldsymbol{x}^*, \boldsymbol{\lambda}^*, \boldsymbol{\mu}^*)$ を求めると次のようになる．

$$\begin{aligned}
\nabla^2_{\boldsymbol{x}} L(\boldsymbol{x}^*, \boldsymbol{\lambda}^*, \boldsymbol{\mu}^*) &= \nabla^2 f(\boldsymbol{x}^*) + \lambda_1^* \nabla^2 g_1(\boldsymbol{x}^*) + \lambda_2^* \nabla^2 g_2(\boldsymbol{x}^*) \\
&= \begin{pmatrix} 2 & 1 \\ 1 & 2 \end{pmatrix} + \frac{1}{4} \begin{pmatrix} 2 & 0 \\ 0 & 4 \end{pmatrix} + 2 \begin{pmatrix} 0 & 0 \\ 0 & 0 \end{pmatrix} \\
&= \begin{pmatrix} \frac{5}{2} & 1 \\ 1 & 3 \end{pmatrix}
\end{aligned}$$

この行列 $\nabla^2_{\boldsymbol{x}} L(\boldsymbol{x}^*, \boldsymbol{\lambda}^*, \boldsymbol{\mu}^*)$ の固有値は $\frac{11 \pm \sqrt{17}}{4}$ の 2 つである．この行列は固有値がすべて正で正定値行列であることがわかる．すなわち，この最適問題については，$\boldsymbol{y} \in V(\boldsymbol{x}^*)$ だけでなく，すべての $\boldsymbol{y}$ に対して必要条件（式 (2.22)）が成立していることがわかる．

上記の説明中では，KKT 条件と有効制約との連立代数方程式を解くことで最適解 $(\boldsymbol{x}^*)$ を求めることができた．正確には，同時に $(\boldsymbol{\lambda}^*, \boldsymbol{\mu}^*)$ も求められた．この方法で最適解を求めるには，制約条件 $g_i(\boldsymbol{x}), h_j(\boldsymbol{x})$ のうち有効制約関数がどれであるかを知っている必要がある．ここでは，図から最適解が発見でき，それから有効制約かどうかを判定している．そして計算の結果から

KKT 条件が満たされていれば，最適解と予想した有効制約は正解であったことがわかる．このような簡単な例であればよいが，複雑な問題の場合には有効制約を抽出するのは容易ではない．第 3 章で紹介する最適化アルゴリズムの基本的な考え方は，最適性条件を満たす解を求めていくことであり，それらのアルゴリズムでは，計算の途中でうまく有効制約をみつけていくようにアルゴリズムが工夫されている．

例 2.3 次の制約つき最適化問題を考えよう．

$$
\begin{aligned}
&\text{目的関数:} \quad f(\boldsymbol{x}) = -2x_1^2 x_2 + 2x_1^2 \qquad \rightarrow \text{最小} \\
&\text{制約条件:} \quad g_1(\boldsymbol{x}) = x_1^2 + \tfrac{1}{2}x_2^2 - x_2 - 1 \leq 0 \\
&\qquad\qquad\quad\ g_2(\boldsymbol{x}) = -x_1 \leq 0 \\
&\qquad\qquad\quad\ g_3(\boldsymbol{x}) = -x_2 \leq 0
\end{aligned}
\tag{2.25}
$$

図 2.5(b) が最適化問題 (2.25) について図示したもので，例 2.2 と同様に，少し太めの線が制約関数 $g_i(\boldsymbol{x})$，グレーの領域が $\boldsymbol{x}$ の実行可能領域である．この図から，目的関数 $f(\boldsymbol{x})$ は $\bullet$ の点すなわち $\boldsymbol{x} = (1, 2)$ で最小値 -2 をとることがわかる．すなわち最適解は $\boldsymbol{x}^* = (1, 2)$ である．このとき，

$$
g_1(\boldsymbol{x}^*) = 0,\ g_2(\boldsymbol{x}^*) = -1 < 0,\ g_3(\boldsymbol{x}^*) = -2 < 0
$$

より，有効制約は $g_1(\boldsymbol{x})$ だけである（すなわち，$A(\boldsymbol{x}^*) = \{g_1(\boldsymbol{x})\}$）．

目的関数と有効制約関数の勾配ベクトルは以下である．

$$
\nabla f(\boldsymbol{x}) = \begin{pmatrix} -4x_1x_2 + 4x_1 \\ -2x_1^2 \end{pmatrix}, \nabla g_1(\boldsymbol{x}) = \begin{pmatrix} 2x_1 \\ x_2 - 1 \end{pmatrix}
$$

そこで，$\lambda_2^* = 0, \lambda_3^* = 0$ として，KKT 条件（式 (2.14)〜(2.18)）から以下の連立代数方程式が得られる．

$$
\nabla f(\boldsymbol{x}) + \lambda_1 \nabla g_1(\boldsymbol{x}) = \begin{pmatrix} -4x_1x_2 + 4x_1 \\ -2x_1^2 \end{pmatrix} + \lambda_1 \begin{pmatrix} 2x_1 \\ x_2 - 1 \end{pmatrix} = \boldsymbol{0}
$$

$$
g_1(\boldsymbol{x}) = x_1^2 + \frac{1}{2}x_2^2 - x_2 - 1 = 0
$$

この連立代数方程式の解のうち，$\boldsymbol{x}$ が実行可能で KKT 条件の $\lambda_i^* \geq 0$（式 (2.17)）を満たすものは

$$\boldsymbol{x}^* = (1,2),\ \boldsymbol{\lambda}^* = (2,0,0)$$

であり，この解は 1 次の最適性必要条件を満足していることが確認できる．

次に 2 次の最適性必要条件を確認してみる．目的関数と有効制約関数のヘッセ行列は以下となる．

$$\nabla^2 f(\boldsymbol{x}) = \begin{pmatrix} -4x_2+4 & -4x_1 \\ -4x_1 & 0 \end{pmatrix}, \nabla^2 g_1(\boldsymbol{x}) = \begin{pmatrix} 2 & 0 \\ 0 & 1 \end{pmatrix}$$

したがって，$\nabla^2_{\boldsymbol{x}} L(\boldsymbol{x}^*, \boldsymbol{\lambda}^*, \boldsymbol{\mu}^*)$ を求めると次のようになる．

$$\begin{aligned} \nabla^2_{\boldsymbol{x}} L(\boldsymbol{x}^*, \boldsymbol{\lambda}^*, \boldsymbol{\mu}^*) &= \nabla^2 f(\boldsymbol{x}^*) + \lambda_1^* \nabla^2 g_1(\boldsymbol{x}^*) \\ &= \begin{pmatrix} -4 & -4 \\ -4 & 0 \end{pmatrix} + 2 \begin{pmatrix} 2 & 0 \\ 0 & 1 \end{pmatrix} \\ &= \begin{pmatrix} 0 & -4 \\ -4 & 2 \end{pmatrix} \end{aligned}$$

この行列の固有値は $1 \pm \sqrt{17}$ の 2 つである．よって，正定値でも半正定値でもないことがわかる．例 2.2 の場合には，正定値であったのですべての $\boldsymbol{y}$ に対して必要条件（式 (2.22)）が成立していた．

この例では，$V(\boldsymbol{x}^*)$ に属する $\boldsymbol{y}$ について必要条件（式 (2.22)）が成立している．実際，

$$\begin{aligned} V(\boldsymbol{x}^*) &= \{\boldsymbol{y} \in \mathbb{R}^2 | \nabla g_1(\boldsymbol{x}^*)^T \boldsymbol{y} = 0\} \\ &= \{\boldsymbol{y} \in \mathbb{R}^2 | (2 \quad 1) \begin{pmatrix} y_1 \\ y_2 \end{pmatrix} = 0\} \\ &= \{\boldsymbol{y} \in \mathbb{R}^2 | 2y_1 + y_2 = 0\} \end{aligned} \tag{2.26}$$

である．よって

$$\boldsymbol{y}^T \nabla^2_{\boldsymbol{x}} L(\boldsymbol{x}^*, \boldsymbol{\lambda}^*, \boldsymbol{\mu}^*) \boldsymbol{y} = (y_1 \quad y_2) \begin{pmatrix} 0 & -4 \\ -4 & 2 \end{pmatrix} \begin{pmatrix} y_1 \\ y_2 \end{pmatrix}$$

$$= -8y_1y_2 + 2y_2^2 \geq 0 \ (\because \text{条件 } (2.26))$$

となる．したがって，最適性の2次の必要条件（式(2.22)）が成り立つことがわかる．さらには，2次の十分条件（式(2.23)）も成立している．

2.2.2 双対性

与えられた最適化問題に対して，その**双対問題**というもう1つの最適化問題を定義することができる．双対問題に対してもとの問題を**主問題**という．双対問題は，ラグランジュ関数を仲介して定義され，主問題と双対問題の間には興味深い関係が存在する．主問題と双対問題の関係を知ることで，問題の意義や最適化アルゴリズムの設計においてとても重要な知見が得られる．

双対問題は，非線形計画問題，凸計画問題，線形計画問題それぞれにおいて詳細に議論されているが，ここではその基本となる非線形計画問題における双対問題の性質と役割を紹介する．ほかの問題クラスに対する双対性の詳細については文献 [10] が詳しい．また，整数計画問題のような離散最適化問題についても双対問題は重要な概念である．興味のある読者は [12] などを参照されたい．

非線形計画問題の双対問題（ラグランジュ**双対問題**）

まず，簡単のため不等式制約のみをもつ非線形計画問題を考える．

不等式制約つき最適化問題

目的関数: $f(\boldsymbol{x}) \quad \to$ 最小

制約条件: $g_i(\boldsymbol{x}) \leq 0 \quad (i = 1, 2, \ldots, \ell)$ (2.27)

$\boldsymbol{x} \in S \subseteq \mathbb{R}^n$

ここで，便宜上 $S = \mathbb{R}^n$ あるいは $S = \mathbb{R}^n_+ = \{\boldsymbol{x} \in \mathbb{R}^n | \boldsymbol{x} \geq \boldsymbol{0}\}$ とする．

この場合，ラグランジュ関数は

$$L(\boldsymbol{x}, \boldsymbol{\lambda}) = f(\boldsymbol{x}) + \sum_{i=1}^{\ell} \lambda_i g_i(\boldsymbol{x}) = f(\boldsymbol{x}) + \boldsymbol{\lambda}^T \boldsymbol{g}(\boldsymbol{x}) \qquad (2.28)$$

で定義される．ここで，$\boldsymbol{x} \in S$, $\boldsymbol{\lambda} \in \mathbb{R}^n_+$ である．

もとの問題（主問題）とラグランジュ関数との関係をみてみよう．

$\boldsymbol{x}$ を固定して $\boldsymbol{\lambda}$ に関する最大化問題

$$\begin{array}{ll} \text{目的関数:} & L(\boldsymbol{x},\boldsymbol{\lambda}) \quad \to \text{最大} \\ \text{制約条件:} & \boldsymbol{\lambda} \geq \boldsymbol{0} \end{array} \tag{2.29}$$

を考える．この問題の最大値 を $F(\boldsymbol{x})$ と書くことにする．すなわち

$$F(\boldsymbol{x}) = \sup_{\boldsymbol{\lambda} \geq \boldsymbol{0}} L(\boldsymbol{x},\boldsymbol{\lambda})$$

である．このとき

$$F(\boldsymbol{x}) = \begin{cases} f(\boldsymbol{x}), & g_i(\boldsymbol{x}) \leq 0 \ (i=1,\ldots,\ell) \text{ のとき} \\ \infty, & \text{それ以外のとき} \end{cases} \tag{2.30}$$

となる．よって，もとの問題 (2.27) の最適値を f^* とすると

$$f^* = \inf_{\boldsymbol{x} \in S} F(\boldsymbol{x}) = \inf_{\boldsymbol{x} \in S} \sup_{\boldsymbol{\lambda} \geq \boldsymbol{0}} L(\boldsymbol{x},\boldsymbol{\lambda}) \tag{2.31}$$

であることがわかる．これは，もとの問題 (2.27) すなわち主問題は，最適化問題: $\inf_{\boldsymbol{x} \in S} F(\boldsymbol{x})$ として表されることを意味している．ここで，$g_i(\boldsymbol{x}) \leq 0$ $(i=1,\ldots,\ell)$ を満たす実行可能解 $\boldsymbol{x}$ がないとすると f^* は ∞ である．また，問題によっては発散する場合もあり，そのときは f^* は $-\infty$ である．

定義より容易に以下が成り立つことがわかる．

inf-sup と sup-inf

補題 2.1 ラグランジュ関数 $L(\boldsymbol{x},\boldsymbol{\lambda})$ は以下の不等式を満たす．

$$\inf_{\boldsymbol{x} \in S} \sup_{\boldsymbol{\lambda} \geq \boldsymbol{0}} L(\boldsymbol{x},\boldsymbol{\lambda}) \geq \sup_{\boldsymbol{\lambda} \geq \boldsymbol{0}} \inf_{\boldsymbol{x} \in S} L(\boldsymbol{x},\boldsymbol{\lambda}) \tag{2.32}$$

❖ 双対問題

今度は，$\boldsymbol{\lambda}$ を固定して $\boldsymbol{x}$ に関するラグランジュ関数 $L(\boldsymbol{x},\boldsymbol{\lambda})$ の最小化問題

$$\begin{array}{ll} \text{目的関数:} & L(\boldsymbol{x},\boldsymbol{\lambda}) \quad \to \text{最小} \\ \text{制約条件:} & \boldsymbol{x} \in S \end{array} \tag{2.33}$$

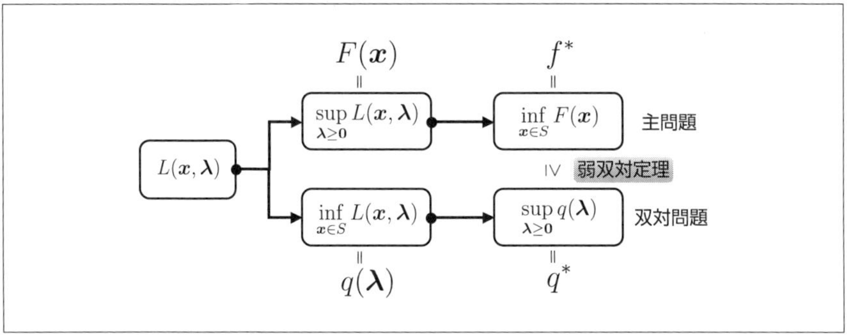

図 2.6　主問題と双対問題の関係図

を考える．この問題の最適値を $q(\boldsymbol{\lambda})$ と書くことにする．すなわち

$$q(\boldsymbol{\lambda}) = \inf_{\boldsymbol{x} \in S} L(\boldsymbol{x}, \boldsymbol{\lambda}) \tag{2.34}$$

である．$\boldsymbol{\lambda}$ の値によって $q(\boldsymbol{\lambda}) = -\infty$ となり得ることに注意する．このとき，補題 2.1 より

$$\inf_{\boldsymbol{x} \in S} F(\boldsymbol{x}) = \inf_{\boldsymbol{x} \in S} \sup_{\boldsymbol{\lambda} \geq \boldsymbol{0}} L(\boldsymbol{x}, \boldsymbol{\lambda}) \geq \sup_{\boldsymbol{\lambda} \geq \boldsymbol{0}} \inf_{\boldsymbol{x} \in S} L(\boldsymbol{x}, \boldsymbol{\lambda}) = \sup_{\boldsymbol{\lambda} \geq \boldsymbol{0}} q(\boldsymbol{\lambda}) \tag{2.35}$$

となる．この式の最後の問題を，もとの問題（式 (2.27)）のラグランジュ双対問題（**Lagrangian dual problem**）という．

問題 (2.27) のラグランジュ双対問題

$$\begin{aligned} &\text{目的関数:} \quad q(\boldsymbol{\lambda}) \quad \rightarrow \text{最大} \\ &\text{制約条件:} \quad \boldsymbol{\lambda} \geq \boldsymbol{0} \end{aligned} \tag{2.36}$$

❖ 弱双対定理

主問題（式 (2.27)）と双対問題（式 (2.36)）の間に次の弱双対定理（**weak duality theorem**）が成立する．

弱双対定理

定理 2.7 主問題（式 (2.27)）の最適値を f^*, 双対問題（式 (2.36)）の最適値を q^* とすると，以下が成立する．

$$f^* \geq q^* \tag{2.37}$$

これは，$f^* = \inf_{\boldsymbol{x} \in S} F(\boldsymbol{x})$，$q^* = \sup_{\boldsymbol{\lambda} \geq \boldsymbol{0}} q(\boldsymbol{\lambda})$ であることに気づけば，性質 (2.35) より明らかである．

弱双対定理は主問題の最適値と双対問題の最適値の間の関係を示しており，$f^* = q^*$ と $f^* > q^*$ の 2 つの場合があることがわかる．

- $f^* = q^*$:
  この場合，弱双対定理は特に**双対定理**と呼ばれる．凸計画問題と線形計画問題がそのような場合になっている．詳細は割愛するが，凸計画問題では，適当な仮定（スレーターの制約想定）のもとで双対定理が成り立つ．また，線形計画問題の場合は，制約想定を仮定しなくても双対定理が成り立つ（制約想定については注 2.4 を参照）．凸計画問題では実行可能解が存在すれば，主問題の最適解と双対問題の最適解が存在し最適値が一致するため，線形計画問題などでは問題が与えられたら，主問題か双対問題の解きやすい方を解けばよい．
- $f^* > q^*$:
  この場合に存在するギャップのことを**双対ギャップ**（**duality gap**）という．

例 2.4 ここでは，次の最適化問題について双対問題を導いてみる．

$$\begin{aligned} &\text{目的関数:} \quad f(\boldsymbol{x}) = x_1^2 + x_1 x_2 + x_2^2 - 4x_1 - 4x_2 + 6 \quad \to \text{最小} \\ &\text{制約条件:} \quad g_1(\boldsymbol{x}) = x_1^2 + x_2^2 - 2 \leq 0 \end{aligned} \tag{2.38}$$

まず，この主問題（式 (2.38)）の最適解をみておこう．主問題（式 (2.38)）を図示した図 2.7(a) から目的関数 $f(\boldsymbol{x})$ は • の点すなわち $\boldsymbol{x} = (1, 1)$ で最小値 1 をとることがわかる．すなわち最適解は $\boldsymbol{x}^* = (1, 1)$ である．

通常は，KKT 条件（式 (2.14)〜(2.18)）から最適解を求めるということを

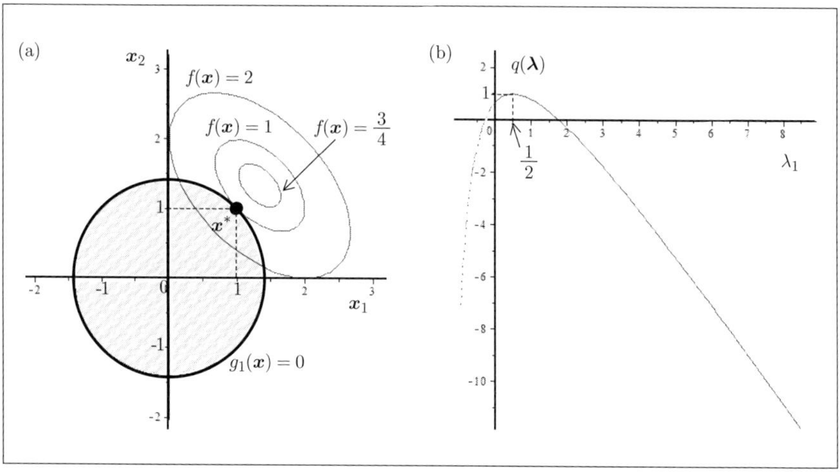

図 2.7　主問題と双対問題の例: (a) 主問題（式 (2.38)）, (b) 双対問題（式 (2.42)）

前項で紹介した．この問題の場合 KKT 条件は以下となる（ただし，実際には $g_1(\boldsymbol{x})$ が有効制約であると想定して立式していることに注意）．

$$\nabla f(\boldsymbol{x}) + \lambda_1 \nabla g_1(\boldsymbol{x}) = \begin{pmatrix} 2x_1 + x_2 - 4 \\ x_1 + 2x_2 - 4 \end{pmatrix} + \lambda_1 \begin{pmatrix} 2x_1 \\ 2x_2 \end{pmatrix} = \mathbf{0}$$
$$g_1(\boldsymbol{x}) = x_1^2 + x_2^2 - 2 = 0$$

この連立代数方程式を解いて，最適解 $\boldsymbol{x}^* = (1, 1)$ が求まる．すなわち，

$$f^* = f(1, 1) = 1 \tag{2.39}$$

である．

次に，この問題 (2.38) の双対問題を考えよう．ラグランジュ関数は

$$\begin{aligned} L(\boldsymbol{x}, \boldsymbol{\lambda}) &= f(\boldsymbol{x}) + \lambda_1 g_1(\boldsymbol{x}) \\ &= x_1^2 + x_1x_2 + x_2^2 - 4x_1 - 4x_2 + 6 + \lambda_1(x_1^2 + x_2^2 - 2) \end{aligned}$$

である．まず，λ_1 を固定して $\boldsymbol{x}$ に関する最小化問題（式 (2.33)）の最適値 $q(\boldsymbol{\lambda})$（式 (2.34)）を求める．そのために，停留点の条件

$$\nabla_{\boldsymbol{x}} f(\boldsymbol{x}) + \lambda_1 \nabla_{\boldsymbol{x}} g_1(\boldsymbol{x}) = \begin{pmatrix} 2x_1 + x_2 + 2\lambda_1 x_1 - 4 \\ x_1 + 2x_2 + 2\lambda_1 x_2 - 4 \end{pmatrix} = \mathbf{0}$$

を $\boldsymbol{x}$ について解く．その結果，

$$x_1 = \frac{4}{2\lambda_1 + 3},\ x_2 = \frac{4}{2\lambda_1 + 3} \tag{2.40}$$

を得る．この結果を，L に代入して

$$L(\boldsymbol{x}, \boldsymbol{\lambda}) = \frac{-2(2\lambda_1^2 - 3\lambda_1 - 1)}{2\lambda_1 + 3} \tag{2.41}$$

となる．したがって双対問題は以下となる．

$$\begin{aligned} &\text{目的関数:} \quad q(\boldsymbol{\lambda}) = \frac{-2(2\lambda_1^2 - 3\lambda_1 - 1)}{2\lambda_1 + 3} \quad \to \text{最小} \\ &\text{制約条件:} \quad \lambda_1 \geq 0 \end{aligned} \tag{2.42}$$

この双対問題 (2.42) の目的関数 $q(\lambda)$ を図示したのが図 2.7(b) である．最適解は $\lambda_1 = \dfrac{1}{2}$ であり，最適値は

$$q^* = q\left(\frac{1}{2}\right) = 1$$

である．すなわち，この問題では，$f^* = q^*$ が成立していることがわかる．

❖ 最適性条件

主問題と双対問題の最適性については，以下説明する十分条件がある．

ラグランジュ関数 $L(\boldsymbol{x}, \boldsymbol{\lambda})$ の鞍点を定義する．$L(\boldsymbol{x}, \boldsymbol{\lambda})$ に対し，条件

$$L(\boldsymbol{x}, \boldsymbol{\lambda}^*) \geq L(\boldsymbol{x}^*, \boldsymbol{\lambda}^*) \geq L(\boldsymbol{x}^*, \boldsymbol{\lambda}),\ \ \forall \boldsymbol{x} \in S,\ \forall \boldsymbol{\lambda} \geq \mathbf{0} \tag{2.43}$$

を満たす $\boldsymbol{x}^* \in S, \boldsymbol{\lambda}^* \geq \mathbf{0}$ が存在するとき $(\boldsymbol{x}^*, \boldsymbol{\lambda}^*)$ を L の鞍点という．

主問題・双対問題の最適性十分条件

系 **2.1** 主問題（式 (2.27)）と双対問題（式 (2.46)）に対して，以下の条件はそれぞれ $\boldsymbol{x}^* \in S$ が主問題の，$\boldsymbol{\lambda}^* \geq \mathbf{0}$ が双対問題の最適解であるための十分条件である．

1. $\boldsymbol{x}^*$ は主問題の実行可能解，$\boldsymbol{\lambda}^*$ は双対問題の実行可能解であり，さらに $f(\boldsymbol{x}^*) = q(\boldsymbol{\lambda}^*)$ を満たす．
2. $(\boldsymbol{x}^*, \boldsymbol{\lambda}^*)$ はラグランジュ関数 $L(\boldsymbol{x}, \boldsymbol{\lambda})$ の鞍点である．

1. の仮定 $f(\boldsymbol{x}^*) = q(\boldsymbol{\lambda}^*)$ は $\boldsymbol{x}^* \in S$ が主問題の最小解で，$\boldsymbol{\lambda}^* \geq \mathbf{0}$ が双対問題の最大解であることを表している．なぜならば，弱双対定理（定理 2.7）から主問題の任意の実行可能解 $\boldsymbol{x}$ と双対問題の任意の実行可能解 $\boldsymbol{\lambda}$ に対し $f(\boldsymbol{x}) \geq q(\boldsymbol{\lambda})$ が成立するからである．また，2. について，鞍点の定義 (2.43) と補題 2.1 より，弱双対定理において $f^* = g^*$ が成立することがわかる．よって 1. より $\boldsymbol{x}^*, \boldsymbol{\lambda}^*$ の最適性が示せる．

最後に，等式制約も含まれる問題の場合の双対問題に触れておく．次の等式制約も含む制約つき最適化問題を考える．

制約つき最適化問題

$$
\begin{aligned}
&\text{目的関数:} && f(\boldsymbol{x}) && \rightarrow \text{最小} \\
&\text{制約条件:} && g_i(\boldsymbol{x}) \leq 0 && (i = 1, 2, \ldots, \ell) \\
& && h_j(\boldsymbol{x}) = 0 && (j = 1, 2, \ldots, m)
\end{aligned}
\tag{2.44}
$$

この場合，等式条件 h_j を次の不等式の組で表すことを考える．

$$
h_j(\boldsymbol{x}) \leq 0,\ -h_j(\boldsymbol{x}) \leq 0,\ (j = 1, \ldots, m) \tag{2.45}
$$

つまり，すべての制約条件を不等式条件として表して，上記の不等式制約つき最適化問題の場合の話に帰着させるわけである．便宜上，制約関数 g_i, h_j をまとめて $g_i(\boldsymbol{x})$ $(i = 1, \ldots, \ell + m)$ と表記する．ここで $i = \ell + 1, \ldots, \ell + m$ に対して $g_i(\boldsymbol{x})$ は $h_i(\boldsymbol{x})$ のことであるとする．$i = \ell + 1, \ldots, \ell + m$ の場合に，$g_i(\boldsymbol{x})$（すなわち $h_i(\boldsymbol{x})$）に新たに導入した不等式の組に対応するラグラ

ンジュ乗数をそれぞれ λ_i^+, λ_i^- とすると，ラグランジュ関数は，

$$L(\boldsymbol{x}, \boldsymbol{\lambda}) = f(\boldsymbol{x}) + \sum_{i=1}^{\ell} \lambda_i g_i(\boldsymbol{x}) + \sum_{i=\ell+1}^{\ell+m} (\lambda_i^+ - \lambda_i^-) g_i(\boldsymbol{x})$$

である．

さらに $\lambda_i = \lambda_i^+ - \lambda_i^-$ $(i = \ell + 1, \ldots, \ell + m)$ として改めて $\boldsymbol{\lambda} = (\lambda_1, \ldots, \lambda_\ell, \lambda_{\ell+1}, \ldots, \lambda_{\ell+m})^T$ とおくことで，ラグランジュ関数は

$$L(\boldsymbol{x}, \boldsymbol{\lambda}) = f(\boldsymbol{x}) + \sum_{i=1}^{\ell+m} \lambda_i g_i(\boldsymbol{x})$$

となる．ここで，$i = 1, \ldots, \ell$ に対して $\lambda_i \geq 0$ である．ただし，$\lambda_i (i = \ell + 1, \ldots, \ell + m)$ については符号の制限はなくなる．このラグランジュ関数に対して，不等式による制約のみの場合と同様の議論がほぼそのまま適用でき，以下の双対問題が得られる（ただし，$\boldsymbol{\lambda} \in \mathbb{R}^{\ell+m}$ であることに注意）．弱双対定理もそのまま成立する．

問題 (2.44) のラグランジュ双対問題

$$\begin{array}{lll} \text{目的関数:} & q(\boldsymbol{\lambda}) & \to \text{最大} \\ \text{制約条件:} & \lambda_i \geq 0 (i = 1, \ldots, \ell) & \end{array} \qquad (2.46)$$

第3章

最適化の計算アルゴリズム

この章では，数理最適化の基本的な計算アルゴリズムを紹介する．非線形計画法と線形計画法それぞれについて代表的なアルゴリズムの考え方，原理と特徴を説明する．たくさんのアルゴリズムが出てくるが，共通する考え方を軸に個々の違いを意識するという心持ちで読み進め体系的理解をしてほしい．

ここで紹介する最適化の計算アルゴリズムはいずれも反復法である．初期値 x_0 からはじめて解を更新していき，いかに最適性条件を満たす解を効率的にみつけ出すかということが背後にある考え方である．非線形計画法については，制約のない場合と制約つきの場合で最適性条件が異なっていた．アルゴリズムもそれに応じて異なってくるため，制約のない場合とある場合に分けて代表的なアルゴリズムを説明する．

非線形計画法			
制約なし			
最小化：目的関数 $f(\boldsymbol{x})$			
反復式： $\boldsymbol{x}_{k+1} = \boldsymbol{x}_k + \alpha_k \boldsymbol{d}_k$			
	$\boldsymbol{d}_k$	α_k	特徴
最急降下法	$\boldsymbol{d}_k = -\nabla f(\boldsymbol{x}_k)$	直線探索	・大域的収束性 ・1次収束
ニュートン法	$\boldsymbol{d}_k = -\nabla^2 f(\boldsymbol{x}_k)^{-1} \nabla f(\boldsymbol{x}_k)$	直線探索	・局所的収束性 ・2次収束
準ニュートン法	$\boldsymbol{d}_k = -(B_k)^{-1} \nabla f(\boldsymbol{x}_k)$	直線探索	・大域的収束性 ・超1次収束

図 3.1　非線形計画法のアルゴリズム:制約なし

非線形計画法

制約つき

	ポイント	最小化対象	特徴
ペナルティ関数法	目的関数 $f(\boldsymbol{x})$ に制約を付加して制約なし最適化問題に帰着	内部ペナルティ関数 外部ペナルティ関数 $P(\boldsymbol{x}, \rho)$	$\rho \to 0$ としながら制約なし最適化繰り返し $\rho \to \infty$ としながら制約なし最適化繰り返し
乗数法		拡張ラグランジュ関数 $L_\rho(\boldsymbol{x}, \boldsymbol{\mu})$	$\rho \to \infty$ としながら制約なし最適化繰り返し

	ポイント	$\boldsymbol{d}$	α_k	特徴
逐次2次計画法	・もとの問題に対応した2次計画問題を解いて $\boldsymbol{d}$ を決定 ・$\boldsymbol{d} = \boldsymbol{0}$ のとき，もとの問題のKKT条件満足	2次計画法(3.37)を解く	直線探索 評価：メリット関数	・制約なし最適化問題の準ニュートン法の拡張 ・実用的な有効性が高い
内点法	・内点を推移するように内部ペナルティ関数（ログバリア関数）を導入した制約つき最適化問題に帰着 ・その問題のKKT条件をニュートン法で解く，同時に中心パスを求めるための ρ の更新も行う	連立1次方程式(3.60)〜(3.62)を解く	直線探索 評価：メリット関数	・内部ペナルティ関数法の拡張 ・実用的な有効性が高い

図 3.2　非線形計画法のアルゴリズム:制約つき

ここに示した 3 つの図（図 3.1, 3.2, 3.3）は，以降の各節で紹介する最適化アルゴリズムの特徴をまとめたものである．これらの表を適宜見返してほかの手法との違いを確認しながら読み進めていただきたい．

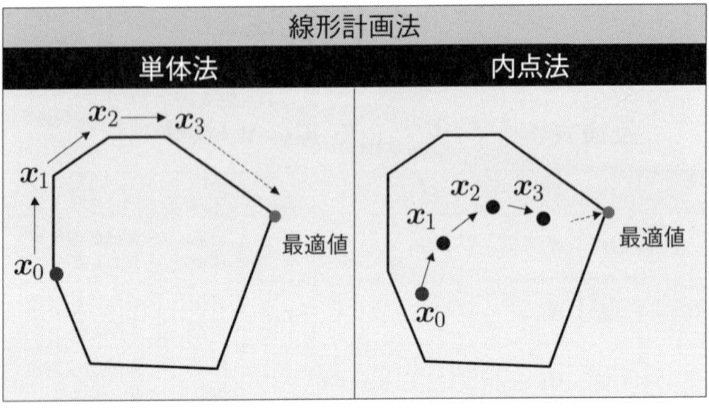

図 3.3　線形計画法のアルゴリズム

3.1 非線形計画法 その1:制約なし

この節では，制約なし最適化問題（式 (1.5)）の解法について以下に挙げる解法を紹介する．本章でも，特に断らない限り最小化を考える．

- 最急降下法
- ニュートン法
- 準ニュートン法

3.1.1 基本的な考え方：反復法

最適化問題の解法に限らず，数値解法は一般に直接法（**direct method**）と反復法（**iterative method**）の 2 つに大きく分けられる．直接法は，有限回の手順で真の解を求めるような数値解法のことをいい，線形計画問題に対する単体法や連立 1 次方程式に対するガウスの消去法などがその例である．一方，最適解に収束するような点列 $\{\boldsymbol{x}_k\}$ を次々に生成していくのが反復法である．非線形計画問題の最適解を有限回の演算で厳密に求めるのは容易ではないので，通常反復法が用いられる．

❖ 反復法

制約なし最適化問題 (1.5) に対する最適性条件を思い出そう．点 $\boldsymbol{x}^*$ の 1 次の最適性必要条件は，停留点であること，つまり，

$$\nabla f(\boldsymbol{x}^*) = \boldsymbol{0} \tag{3.1}$$

である．制約なし最適化問題のアルゴリズムは，この最適性条件を満たす点 $\boldsymbol{x}^*$ を「1 つ」みつけるアルゴリズムといえる．そのためには非線形関数 f に対して方程式 (3.1) を解けばよいが，直接解くのは容易ではないことが多い．そこで反復法の登場となる．

反復法では，適当な初期点 $\boldsymbol{x}_0$ から出発して点列 $\{\boldsymbol{x}_k\}$ を次々に生成していき最終的に最適解（あるいは，最適性条件を満たす点）$\boldsymbol{x}^*$ に収束するようにする．実際には，$\boldsymbol{x}_k$ が $\boldsymbol{x}^*$ に（何らかの基準で）十分近くになったと判断

されたところで計算を終了し $\boldsymbol{x}_k$ を $\boldsymbol{x}^*$ の近似値とする．これは，目的関数 f の上を初期点 $\boldsymbol{x}_0$ から出発して次々に降下して最小値に到達するということに対応している（図 3.4）．

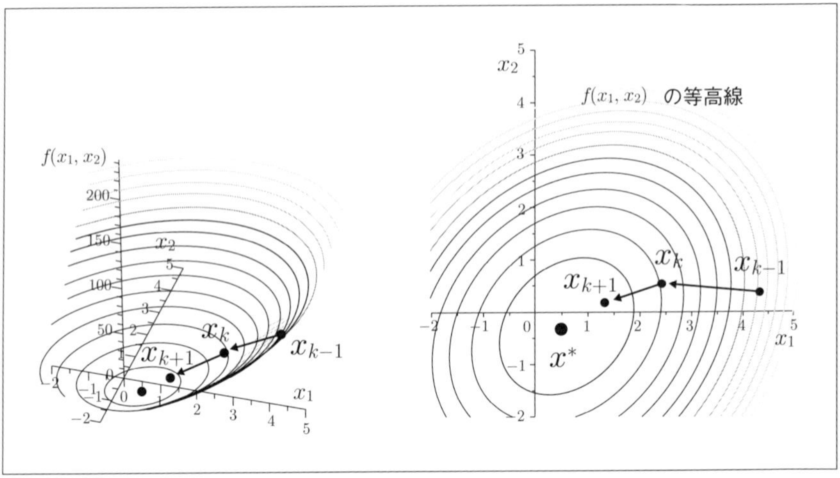

図 3.4　反復法

点 $\boldsymbol{x}_k$ から目的関数を下降して到達する次の点 $\boldsymbol{x}_{k+1}$ は以下の式で決める．

反復式

$$\boldsymbol{x}_{k+1} = \boldsymbol{x}_k + \alpha_k \boldsymbol{d}_k \tag{3.2}$$

ここで，$\boldsymbol{d}_k$ は点列が進んでいく方向を表すベクトルで探索方向（**search direction**）と呼ばれ，また，$\alpha_k (> 0)$ はステップ幅（**step size**）と呼ばれる．反復法のアルゴリズムで，現在の点 $\boldsymbol{x}_k$ における勾配ベクトル $\nabla f(\boldsymbol{x}_k)$ は，目的関数 f の値が最も大きく増加する方向である．よって，

$$\nabla f(\boldsymbol{x}_k)^T \, \boldsymbol{d}_k \ < \ 0 \tag{3.3}$$

を満たせば $\boldsymbol{d}_k$ が降下方向の探索方向となる．

❖ 基本アルゴリズム

制約なし非線形最適化問題のアルゴリズムは以下にまとめられる．いたってシンプルなアルゴリズムといえる．

制約なし非線形計画問題の基本アルゴリズム
1. [初期値設定] 初期値 $\boldsymbol{x}_0$ を決める． $k := 0$
2. [終了判定] $\boldsymbol{x}_k$ が $\boldsymbol{x}^*$ に十分近ければ $\boldsymbol{x}_k$ を出力して終了．
3. [反復] $\boldsymbol{x}_{k+1} := \boldsymbol{x}_k + \alpha_k \boldsymbol{d}_k$ とおく． $k := k+1$ として 2. へ行く．

各ステップで留意すべきことに触れておく．まず，初期値 $\boldsymbol{x}_0$ は もちろん $\boldsymbol{x}^*$ に近いことが望ましい．また，一般に非線形最適化問題ではいくつかの局所的最適解が存在するため大局的最適解になることは保証されない．

終了判定条件は，「$\boldsymbol{x}_k$ が $\boldsymbol{x}^*$ に十分近い」ことを表現し，有限回の反復で終了すべきものである（アルゴリズムであるためには有限停止性が必須）．

具体的な終了条件としては以下がある．

- $||\nabla f(\boldsymbol{x}_k)||$ が十分に 0 に近い: $||\nabla f(\boldsymbol{x}_k)|| < \varepsilon$
- $||\boldsymbol{x}_{k+1} - \boldsymbol{x}_k||$ が十分に小さい： $||\boldsymbol{x}_{k+1} - \boldsymbol{x}_k|| < \varepsilon$
- 反復回数の上限 N を決め，上限に到達したら終了する: $k = N$

ここで，ε は十分小さい正数で，実際には適当に小さな数を決める．$||\cdot||$ はベクトルのノルムを表す（特に断らない限り，$||\cdot||$ はユークリッド ノルム $||\boldsymbol{x}|| = \sqrt{x_1^2 + x_2^2 + \cdots + x_n^2}$ とする）．

また，$\boldsymbol{d}_k$，α_k の選び方はいろいろと考えられる．この $\boldsymbol{d}_k$，α_k をどう決めるかが制約なし非線形計画法の各種のアルゴリズムの違いとなっている．

❖ 反復アルゴリズムの収束性

反復法において生成する点列 $\{\boldsymbol{x}_k\}$ が局所的最適解 $\boldsymbol{x}^*$ に収束するかどうか，収束の速さはどうかを明らかにすることはアルゴリズムを評価するうえで重要である．以下，簡単に 2 つの収束性を紹介する．詳細は，[11,12] などを参照のこと．

大域的収束性（global convergence）　非線形の目的関数の最小化問題で，大域的最適解を保証するのは一般に容易ではないことが多い．よって，実際には停留点を 1 つ求めることを目指す（目的関数が凸関数の場合には，もちろん大域的最適解である）．反復アルゴリズムが，任意の初期点 $\boldsymbol{x}_0$ から出発して生成する点列 $\{\boldsymbol{x}_k\}$ の任意の収束部分点列の極限点が停留点であるならば大域的収束性をもつという．これは，大域的最適解に収束するという意味ではなく，どこから出発しても収束するということをいっている．

局所的収束性（local convergence）　反復アルゴリズムにおいて，出発点を解の十分近くに選べばその解への収束が保証されるとき，反復アルゴリズムは局所的収束性をもつという．局所的収束性をもつ場合にどの程度の速度で収束するかの基準は，局所的最適解 $\boldsymbol{x}^*$ に収束する点列 $\{\boldsymbol{x}_k\}$ に関して以下のような定義がある．これにより反復アルゴリズムの収束速度を評価する．

- **1 次収束（linear convergence）**：定数 $0 < \beta < 1$ と K（正の整数）が存在して

$$||\boldsymbol{x}_{k+1} - \boldsymbol{x}^*|| \leq \beta ||\boldsymbol{x}_k - \boldsymbol{x}^*||, \quad \forall k \geq K \tag{3.4}$$

  を満足する．ここで，β を収束比（**convergence ratio**）という．K は $\boldsymbol{x}_k$ が十分 $\boldsymbol{x}^*$ に近くなったことを表す定数である．

- **超 1 次収束（superlinear convergence）**：

$$\lim_{k \to \infty} \frac{||\boldsymbol{x}_{k+1} - \boldsymbol{x}^*||}{||\boldsymbol{x}_k - \boldsymbol{x}^*||} = 0 \tag{3.5}$$

  すなわち，どのような小さな β についても，対応する K（正の整数）が存在して条件 (3.4) を満たす．

- **2 次収束（quadratic convergence）**：定数 $\beta > 0$ と K（正の整数）が存在して

$$||\boldsymbol{x}_{k+1} - \boldsymbol{x}^*|| \leq \beta ||\boldsymbol{x}_k - \boldsymbol{x}^*||^2, \quad \forall k \geq K \tag{3.6}$$

  を満たす．

注 3.1）上記 3 つの収束基準で速度がどのくらい違うのだろうか．ざっくりとした経験的な説明ではあるが以下に挙げておく．

- 1 次収束に比べて 2 次収束の収束速度は相当速い．
- 超 1 次収束は 1 次収束と 2 次収束の間で，実際には 2 次収束に近い．

以下では代表的なアルゴリズムを簡単に紹介していく．特に，各アルゴリ

ズムの 探索方向 $\boldsymbol{d}_k$，ステップ幅 α_k の選び方，狙い，および収束性について対比しながら読み進めていただきたい．

3.1.2　最急降下法

勾配ベクトル $\nabla f(\boldsymbol{x}_k)$ は，目的関数 f の値が最も大きく増加する方向なので，勾配ベクトルと逆の方向 $-\nabla f(\boldsymbol{x}_k)$ は $\boldsymbol{x}_k$ において最も減少する．すなわち最急降下する方向になっている．探索方向として

$$\boldsymbol{d}_k = -\nabla f(\boldsymbol{x}_k) \tag{3.7}$$

とする式(3.2)を用いるアルゴリズムを**最急降下法**（**steepest descent method**）という．

式(3.7)の方向に進んでいくと，ステップ幅 α_k の値が大きすぎで $f(\boldsymbol{x})$ が増加するようになることもあるため，各ステップで適切に α_k を決める必要がある．そこで，ステップ幅 α_k を以下を達成する α_k の値に設定する．

$$f(\boldsymbol{x}_k + \alpha_k \boldsymbol{d}_k) = \min_{\alpha > 0} f(\boldsymbol{x}_k + \alpha \boldsymbol{d}_k) \tag{3.8}$$

これを**直線探索**（**line search**）という．直線探索は1次元の最小化問題である．直線探索のイメージを表したのが図3.5である．右図は目的関数 $f(\boldsymbol{x})$ を左図に示す探索方向 $\boldsymbol{d}_k$ について切った断面を表している．横軸がステップ幅で，原点が点 $\boldsymbol{x}_k$ に対応し α_k のところが $\boldsymbol{x}_{k+1}$ に対応している．

一般の非線形関数 f の場合には厳密に解くことは難しいため数値的に解くが，厳密に解く必要はないので比較的容易である．具体的には，ステップ法，アルミホ法，セカント法と呼ばれる簡易的な反復法を利用することが多い．これらの方法について興味がある読者は，[11, 12]などを参照されたい．

まとめると，以下の式に従って反復を行うのが最急降下法である．

最急降下法の反復式

$$\boldsymbol{x}_{k+1} = \boldsymbol{x}_k + \alpha_k \boldsymbol{d}_k, \tag{3.9}$$

$$\boldsymbol{d}_k = -\nabla f(\boldsymbol{x}_k), \tag{3.10}$$

$$\alpha_k : \text{直線探索で決定} \tag{3.11}$$

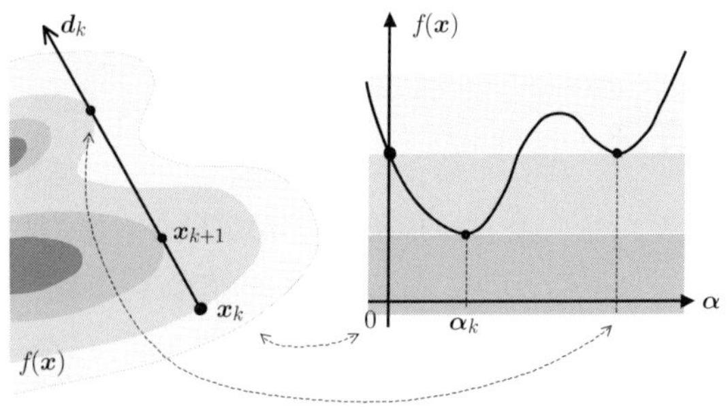

図 3.5　直線探索

最急降下法の収束性に関して，事実だけを紹介しておく（証明などの詳細は他書 [12] などを参照）．最急降下法は，大域的収束性をもつという長所がある．一方で，収束速度については，1 次収束であり収束速度はあまり優れているとはいえない．また，最急降下法の収束速度は目的関数の最適値 $\boldsymbol{x}^*$ におけるヘッセ行列 $\nabla^2 f(\boldsymbol{x}^*)$ の条件数（**condition number**）に大きく依存し，条件数が大きいと収束が遅くなることが知られている．一般に行列 G が与えられたとき，G の最大固有値 $\lambda_{\max}$ と最小固有値 $\lambda_{\min}$ の比 $\lambda_{\max}/\lambda_{\min}$ を G の条件数という．現実の問題では，条件数が大きいことが普通であり，そのような場合に最急降下法は非常に遅くなってしまう．

最急降下法の特徴（○が長所，×が短所，以下同）

○簡単な計算から構成
○大域的収束性をもつ
×1 次収束: 収束がそれほど速くない
×現実の問題はヘッセ行列の条件数が大きいことが多く遅くなる

3.1.3　ニュートン法

最急降下法は簡単な計算から構成された実行が容易なアルゴリズムで，かつ

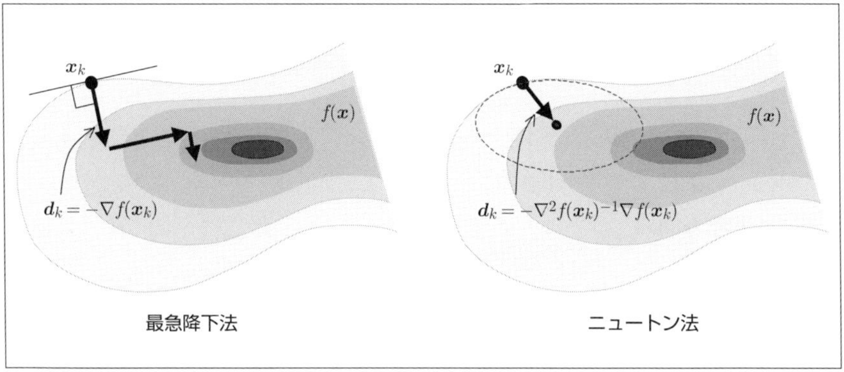

図 3.6　最急降下法とニュートン法

大域的収束性をもっている点が利点といえる．しかし，収束の速度，すなわち最適解へ到達する速度が遅くなるという現象がしばしば起こる．そこで，関数の 2 次微分を利用して収束の高速化を狙ったのがニュートン法（**Newton's method**）である．

目的関数 $f(\boldsymbol{x})$ は点 $\boldsymbol{x}_k$ のまわりにテイラー展開すると

$$f(\boldsymbol{x}_k + \boldsymbol{d}) \approx f(\boldsymbol{x}_k) + \nabla f(\boldsymbol{x}_k)^T \boldsymbol{d} + \frac{1}{2}\boldsymbol{d}^T \nabla^2 f(\boldsymbol{x}_k)\boldsymbol{d} \tag{3.12}$$

と 2 次関数によって近似できる．この 2 次関数 (3.12) を最適化しようとするのがニュートン法である．

ヘッセ行列 $\nabla^2 f(\boldsymbol{x}_k)$ が正定値であると仮定すると，$\boldsymbol{d}$ を変数ベクトルとみて式 (3.12) の 1 次の最適性条件は

$$\nabla f(\boldsymbol{x}_k) + \nabla^2 f(\boldsymbol{x}_k)\boldsymbol{d} = \boldsymbol{0} \tag{3.13}$$

となり，この点を満たす $\boldsymbol{d}$ において式 (3.12) の右辺は最小となる．したがって，この式 (3.13) を $\boldsymbol{d}$ について解いて，解を探索方向 $\boldsymbol{d}_k$ とする．すなわち，以下の反復を行うのがニュートン法である．

ニュートン法の反復式

$$\boldsymbol{x}_{k+1} = \boldsymbol{x}_k + \boldsymbol{d}_k, \tag{3.14}$$

$$\boldsymbol{d}_k = -\nabla^2 f(\boldsymbol{x}_k)^{-1} \nabla f(\boldsymbol{x}_k) \tag{3.15}$$

ヘッセ行列 $\nabla^2 f(\boldsymbol{x}_k)$ が正定値ならば

$$\nabla f(\boldsymbol{x}_k)^T \boldsymbol{d}_k = -\nabla f(\boldsymbol{x}_k)^T \nabla^2 f(\boldsymbol{x}_k)^{-1} \nabla f(\boldsymbol{x}_k) < 0$$

となるので，$\boldsymbol{d}_k$ が勾配ベクトル $\nabla f(\boldsymbol{x}_k)$ と鈍角をなしている．すなわち関数 f の点 $\boldsymbol{x}_k$ における降下方向になっていることがわかる．

$\boldsymbol{d}_k$ が下降方向のベクトルであることを考えると，最急降下法のように直線探索によってステップ幅を決めることもできる．

ニュートン法の反復式（+直線探索）

$$\boldsymbol{x}_{k+1} = \boldsymbol{x}_k + \alpha_k \boldsymbol{d}_k, \tag{3.16}$$

$$\boldsymbol{d}_k = -\nabla^2 f(\boldsymbol{x}_k)^{-1}\ \nabla f(\boldsymbol{x}_k), \tag{3.17}$$

α_k：直線探索で決定 (3.18)

ニュートン法の収束性に関しても事実だけを紹介しておく（証明などの詳細は他書 [12] などを参照）．ニュートン法は通常，局所的最適性はもつが大域的収束性はもたない．一方で，収束速度については，2 次収束であり収束速度は非常に速い．よって，適切な初期点を選べさえすれば高速に最適解が求まるよい方法といえる．

注 3.2) 制約なし最適化問題 (1.5) に対する最適性条件 (3.1) を満たす点を見つけることが目標であるので，非線形方程式の解法を適用するのは自然な考えである．非線形連立方程式の解法であるニュートン法を最適性条件 (3.1) を解くために適用したのが，ここでいう制約なし最適化問題 (1.5) に対するニュートン法ともいえる．

ニュートン法の特徴

○2 次収束: 収束が速い

×大域的収束性をもたない（ただし，局所的収束性は OK）

3.1.4 準ニュートン法

ニュートン法は，収束が非常に速いという特長をもつ一方で，変数が多いときなどにヘッセ行列の計算が容易でなかったり，計算できてもヘッセ行列が正定値であるとは限らず次に点が決められなかったりと，いくつかの問題点がある．

そこで，ヘッセ行列 $\nabla^2 f(\boldsymbol{x}_k)$ を適当な正定値対称行列 B_k で近似して，これらの問題点を解決しようとするのが準ニュートン法（**quasi-Newton method**）である．

準ニュートン法の反復式（+直線探索）

$$\boldsymbol{x}_{k+1} = \boldsymbol{x}_k + \alpha_k \boldsymbol{d}_k, \tag{3.19}$$

$$\boldsymbol{d}_k = -(B_k)^{-1} \nabla f(\boldsymbol{x}_k) \tag{3.20}$$

$$\alpha_k : \text{直線探索で決定} \tag{3.21}$$

さて，あとは B_k をどう具体的に構成するかである．近似行列 B_k は，ヘッセ行列のもつ情報をうまく取り込んでいないといけない．そのための条件について説明する．

B_k の初期値は，たとえば単位行列 I を用いればよい ($B_0 = I$)．B_{k+1} は正定値であることと以下の条件を満たすことが求められる．この条件はセカント条件（**secant condition**）と呼ばれる．

セカント条件

$$B_{k+1}\boldsymbol{s}_k = \boldsymbol{y}_k \tag{3.22}$$

ここで，

$$\boldsymbol{y}_k = \nabla f(\boldsymbol{x}_{k+1}) - \nabla f(\boldsymbol{x}_k), \quad \boldsymbol{s}_k = \boldsymbol{x}_{k+1} - \boldsymbol{x}_k \tag{3.23}$$

である．この条件は，勾配ベクトル $\nabla f(\boldsymbol{x})$ のテイラー展開を $\boldsymbol{d}$ の項で打ち切り

$$\nabla f(\boldsymbol{x} + \boldsymbol{d}) \approx \nabla f(\boldsymbol{x}) + \nabla^2 f(\boldsymbol{x})\boldsymbol{d} \tag{3.24}$$

を考え，$\boldsymbol{x} = \boldsymbol{x}_k, \boldsymbol{x} + \boldsymbol{d} = \boldsymbol{x}_{k+1}$ とおくと

$$\nabla f(\boldsymbol{x}_{k+1}) \approx \nabla f(\boldsymbol{x}_k) + \nabla^2 f(\boldsymbol{x}_k)\boldsymbol{s}_k \tag{3.25}$$

すなわち，

$$\nabla^2 f(\boldsymbol{x}_k)\boldsymbol{s}_k \approx \boldsymbol{y}_k \tag{3.26}$$

となるところからきている．つまり，セカント条件とは B_k に $\nabla^2 f(\boldsymbol{x}_k)$ の働きをすることを求めたものといえる．

準ニュートン法では，正定性とセカント条件を満たすように $\boldsymbol{x}_k$ と B_k から B_{k+1} を構成していく．この条件を満たすような B_{k+1} の構成法はいろいろと考えられ提案されているが，ここでは最も有効だと知られている**BFGS公式**（**BFGS update**）を紹介する．この方法は，1970年にブロイデン（C.G. Broyden），フィッチャー（R. Fletcher），ゴールドファルブ（D. Goldfarb），シャノ（D.F. Shanno）の4人の研究者によって（独立に）発表された．BFGSは4人の頭文字からきている．

BFGS 公式

$$B_{k+1} = B_k - \frac{B_k \boldsymbol{s}_k (B_k \boldsymbol{s}_k)^T}{(\boldsymbol{s}_k)^T B_k \boldsymbol{s}_k} + \frac{\boldsymbol{y}_k (\boldsymbol{y}_k)^T}{(\boldsymbol{s}_k)^T \boldsymbol{y}_k} \tag{3.27}$$

BFGS公式がセカント条件を満たすことの証明やほかのセカント条件を満たす公式などについては [11,12,13] などを参照のこと．

また，準ニュートン法は，目的関数が凸関数の場合は，大域的収束性をもつことが示されている．凸関数でない場合の証明はされていないが，B_{k+1} の更新公式をうまく修正すると大域的収束性をもつようにできる．目的関数が非凸関数の場合も，実際多くの場合に超1次収束が期待できる．これらの特長のため，準ニュートン法は広く利用されている．

準ニュートン法の特徴

○目的関数が凸関数の場合は，大域的収束性をもち超1次収束で収束が結構速い（1次収束と2次収束の間で2次収束に近い）

○目的関数が非凸関数の場合も，大域的収束性をもつように工夫でき，実際多くの場合に超1次収束が期待できる．

注 3.3) ここでとりあげたアルゴリズムのほかにも多くのアルゴリズムが研究されている．たとえば，ニュートン法に大域的収束性をもたせることを狙い $\boldsymbol{x}_k$ のまわりの適当な領域で目的関数が減少するように次の反復点を決める信頼領域法（**trust region method**）などがある．そのほかにも共役勾配法（**conjugate gradient method**）など実用的に重要なものも多い．これらについての詳細は [9,10,11] を参照されたい．

3.2 非線形計画法 その2:制約つき

この節では，制約つき最適化問題 (1.4) の解法について以下に挙げる解法を紹介する．

- ペナルティ関数法
- 乗数法
- 逐次 2 次計画法
- 内点法

3.2.1 ペナルティ関数法

ペナルティ関数法（**penalty function method**）は，目的関数 f に「巧く」制約関数を組み込んだ関数（拡張関数という）を構成し，その関数の最小化すなわち制約なし最適化問題として，もとの制約つき最小化問題を解くという方法である．拡張関数は，制約条件の境界付近で大きな値をとる関数となるように構成されるのがポイントである．

ペナルティ関数法では，制約なし最適化問題を解くところへ帰着させるので，前節で述べた制約なし最適化問題のアルゴリズムを繰り返し用いる．以下で紹介するように反復解の生成を実行可能領域の内部からはじめるか外部から進めるかの 2 通りのアプローチがあり，それぞれで拡張関数が異なる．

内部ペナルティ関数法 (interior penalty function method)　不等式のみの制約つき最適化問題を考えて内部ペナルティ関数法を説明する．

$$\begin{array}{lll} \text{目的関数:} & f(\boldsymbol{x}) & \to \text{最小} \\ \text{制約条件:} & g_i(\boldsymbol{x}) \leq 0 & (i = 1, 2, \ldots, \ell) \end{array} \tag{3.28}$$

実行可能領域内での関数値が，領域の境界に近づくにつれて大きくなり，境界上では無限大になるように目的関数 $f(\boldsymbol{x})$ を拡張する．このとき，目的関数に加えられる関数をバリア関数（**barrier function**）といい，この拡張関数を内部ペナルティ関数という．代表的な内部ペナルティ関数には以下がある．特に，3 つ目の関数 (3.31) はログバリア関数と呼ばれる．

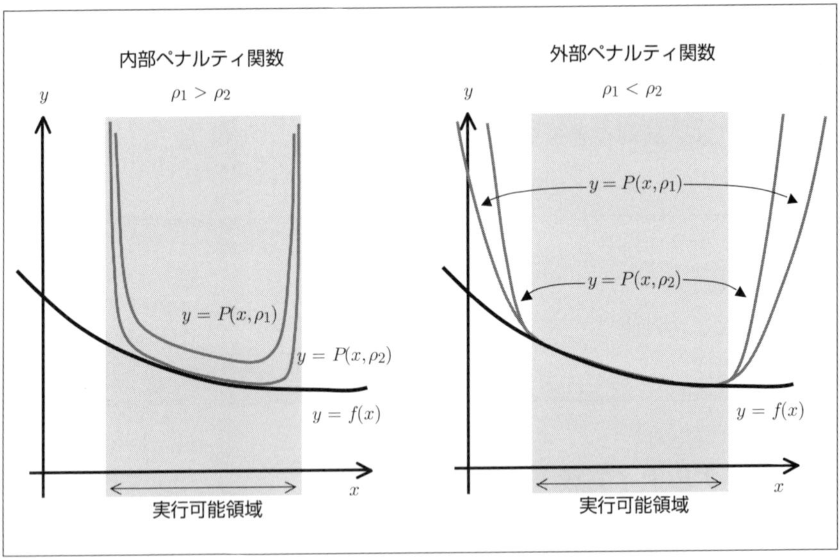

図 3.7　ペナルティ関数

内部ペナルティ関数

$$P(\boldsymbol{x}, \rho) = f(\boldsymbol{x}) - \rho \sum_{i=1}^{\ell} \frac{1}{g_i(\boldsymbol{x})}, \tag{3.29}$$

$$P(\boldsymbol{x}, \rho) = f(\boldsymbol{x}) + \rho \sum_{i=1}^{\ell} \frac{1}{g_i(\boldsymbol{x})^2}, \tag{3.30}$$

$$P(\boldsymbol{x}, \rho) = f(\boldsymbol{x}) - \rho \sum_{i=1}^{\ell} \log(-g_i(\boldsymbol{x})) \tag{3.31}$$

$\rho > 0$ はペナルティ関数の形を調整するパラメータである．図 3.7 に示すように，ρ が小さくなると内部ペナルティ関数と $f(\boldsymbol{x})$ の差が小さくなり，実行可能領域の境界での立ち上がり方が大きくなる．内部ペナルティ関数法は，このことを利用し，適当な実行可能解 $\boldsymbol{x}_0$ とパラメータ $\rho = \rho_0$ からはじめ，内部ペナルティ関数を目的関数とする制約なし最適化問題を解き，次第に ρ を小さくしながら対応する制約なし最適化問題を解くことを繰り返す方法である．

内部ペナルティ関数法（不等式制約つき最適化問題）

1. [初期値設定] 初期実行可能解 $\boldsymbol{x}_0$, パラメータ $\rho_0 > 0$ を決める．
   $k := 0$
2. [終了判定] $\boldsymbol{x}_k$ が $\boldsymbol{x}^*$ に十分近ければ $\boldsymbol{x}_k$ を出力して終了．
3. [反復]
   - 内部ペナルティ関数 $P(\boldsymbol{x}, \rho_k)$ を目的関数とする制約なし最適化問題を解き $\boldsymbol{x}_{k+1}$ を求める．
   - $0 < \rho_{k+1} < \rho_k$ を満たすパラメータ ρ_{k+1} を決める．
   - $k := k+1$ として 2. へ行く．

ここで，制約なし最適化問題の手法は前節の適当なものを利用する．

各ステップについて補足する．終了条件は，これまでと同じように ρ_k が十分小さくなる，$||\boldsymbol{x}_{k+1} - \boldsymbol{x}_k||$ が十分小さい，反復回数の上限などでよい．ρ_{k+1} の更新法も，たとえば定数 $\gamma(0 < \gamma < 1)$ を決めておき，$\rho_{k+1} = \gamma\rho_k$ とするなどが考えられる．

内部ペナルティ関数法は，初期実行可能解 $\boldsymbol{x}_0$ を必要とするが，途中で停止しても初期点よりもよい実行可能解が得られる．現実の問題では，最適解は求められなくとも当面よりよい実行可能解を得ることで十分な場合も多く，そのような場合には有効な方法である．実行可能解の境界に近づくにつれ制約なし最適化のアルゴリズムが数値的に不安定になることもあるので注意が必要である．

内部ペナルティ関数法の特徴

○いつ停止しても初期点よりもよい実行可能解が得られる
×制約条件を満たす初期点が必要
×実行可能解の境界で制約なし最適化のアルゴリズムが数値的に不安定になることもある

外部ペナルティ関数法（exterior penalty function method）　次に，不等式と等式の両方をもつ一般の制約つき最適化問題 (1.4) を考える．この問題に対しては，等式制約が含まれるため内点が存在しない．そこで初期解が実行可能解であることを必要としない外部ペナルティ関数法が用いられる．

外部ペナルティ関数法は，実行可能領域内では 0 で実行可能領域の外部では境界から離れるに従って無限大に発散するようなペナルティを目的関数に付加する．そのような拡張関数を外部ペナルティ関数という．外部ペナルティ関数の代表的な例は以下である．

外部ペナルティ関数

$$P(\boldsymbol{x},\rho) = f(\boldsymbol{x}) + \rho\left\{\sum_{i=1}^{\ell}(\max(0,g_i(\boldsymbol{x})))^{\alpha} + \sum_{j=1}^{m}|h_j(\boldsymbol{x})|^{\beta}\right\} \tag{3.32}$$

ここで，$\alpha,\beta \geq 1$ はパラメータであり，$\rho > 0$ はペナルティの重みを表すパラメータである．

図 3.7 に示すように，パラメータ ρ が大きくなると外部ペナルティ関数は実行可能領域の境界での立ち上がり方が大きくなり外側から実行可能領域の境界に近づく．この性質を活用して，適当な初期解 $\boldsymbol{x}_0$ とパラメータ $\rho = \rho_0$ からはじめ，外部ペナルティ関数を目的関数とする制約なし最適化問題を解き，次第に ρ を大きくしながら対応する制約なし最適化問題を解くことを繰り返す方法が外部ペナルティ関数法である．内部ペナルティ関数法とは，初期解が実行可能解でなくてもよい点と ρ を小さな値から大きくしていく点が異なる．

外部ペナルティ関数法（不等式制約つき最適化問題）

1. [初期値設定] 初期解 $\boldsymbol{x}_0$, パラメータ $\rho_0 > 0$ を決める．
   $k := 0$
2. [終了判定] $\boldsymbol{x}_k$ が $\boldsymbol{x}^*$ に十分近ければ $\boldsymbol{x}_k$ を出力して終了．
3. [反復]
   - 外部ペナルティ関数 $P(\boldsymbol{x},\rho_k)$ を目的関数とする制約なし最適化問題を解き $\boldsymbol{x}_{k+1}$ を求める．
   - $\rho_{k+1} > \rho_k$ を満たすパラメータ ρ_{k+1} を決める．
   - $k := k+1$ として 2. へ行く．

この場合も，同様に実行可能解の境界に近づくにつれ制約なし最適化のアルゴリズムが数値的に不安定になることがある．

注 3.4) ペナルティ関数が制約つき最適化問題の手法の中で直接利用されることもあるが，より実用的な手法である逐次 2 次計画法（3.2.3 項参照）や内点法（3.2.4 項参照）の中の直線探索での評価関数として用いられることが多い．

外点ペナルティ関数法の特徴

○制約条件を満たす初期点が不要
○制約条件に等式制約が含まれる場合に向いている（内点が存在しないので）
×実行可能解の境界で制約なし最適化問題のアルゴリズムが数値的に不安定になることもある

3.2.2 乗数法

ペナルティ関数法では，もとの問題の目的関数に制約関数を含んだバリア関数を組み込んでいる．これはラグランジュ関数（式 (2.12)）も同様であることに気づく．しかし，ラグランジュ関数を直接最小化するのはラグランジュ関数のヘッセ行列 $\nabla^2_{\boldsymbol{x}} L$ が一般に正定値ではないので問題がある．そこで，ラグランジュ関数を拡張した拡張ラグランジュ関数（**augmented Lagrangian function**）を用いて制約なし最小化問題として解く方法が乗数法（**multiplier method**）である．ペナルティ関数法では，実行可能解の境界に近づくにつれ制約なし最適化問題のアルゴリズムが数値的に不安定になることがあるが，乗数法ではそれが回避されている．

ここで，等式のみの制約つき最適化問題

$$\begin{array}{lll} \text{目的関数:} & f(\boldsymbol{x}) & \to \text{最小} \\ \text{制約条件} & h_i(\boldsymbol{x}) = 0 & (i = 1, 2, \ldots, m) \end{array} \tag{3.33}$$

に対して乗数法を説明する．不等式制約がある最適化問題 (1.4) の場合には，不等式制約にスラック変数を導入してすべて等式制約に変換して考えればよい．実際，不等式制約 $g_i(\boldsymbol{x}) \leq 0$ は，スラック変数（**slack variable**）v_i を用

いて $g_i(\boldsymbol{x}) + v_i^2 = 0$ と等式制約へ変換できる．

拡張ラグランジュ関数は以下で定義される．

拡張ラグランジュ関数

$$L_\rho(\boldsymbol{x}, \boldsymbol{\mu}) = L(\boldsymbol{x}, \boldsymbol{\mu}) + \frac{1}{2}\rho||\boldsymbol{h}(\boldsymbol{x})||^2 \tag{3.34}$$

$$= f(\boldsymbol{x}) + \sum_{i=1}^{m} \mu_i h_i(\boldsymbol{x}) + \frac{1}{2}\rho \sum_{j=1}^{m} h_j(\boldsymbol{x})^2 \tag{3.35}$$

ρ はパラメータである．拡張ラグランジュ関数は，ラグランジュ関数にペナルティ項を付加して関数が局所的に凸性をもつようにしたものである．

実際，$(\boldsymbol{x}^*, \boldsymbol{\mu}^*)$ が 2 次の最適性十分条件を満足する点とすると，十分大きな正の数 ρ^* が存在して $\rho > \rho^*$ に対して，$\nabla^2_{\boldsymbol{x}} L_\rho(\boldsymbol{x}^*, \boldsymbol{\mu}^*)$ は正定値になる．

また，$\rho > \rho^*$ のとき $\boldsymbol{x}^*$ は $L_\rho(\boldsymbol{x}, \boldsymbol{\mu}^*)$ の局所的最小解であること，さらに，ある $\boldsymbol{\mu}', \rho'$ に対する局所的最小解 $\boldsymbol{x}'$ が $h_i(\boldsymbol{x}') = 0\,(i = 1, \ldots, m)$ を満足するならば，$\boldsymbol{x}'$ はもとの問題の局所的最小解であることが示される（このあたりの証明などの詳細は [11] が詳しい）．これにより，制約なし最小化問題の手法によって拡張ラグランジュ関数を最小化することが妥当であるといえることになる．

乗数法のアルゴリズムは次のようになる．あらかじめ ρ^* はわかっていないので，ρ について反復で探索する必要があるが，ここでは簡単のため十分に大きな $\rho(> \rho*)$ に決めるという形にしている．また，ラグランジュ乗数 $\boldsymbol{\mu}_{k+1}$ について更新規則についてはいくつか提案されており，たとえば，

$$\boldsymbol{\mu}_{k+1} = \boldsymbol{\mu}_k + \rho \boldsymbol{h}(\boldsymbol{x}_k) \tag{3.36}$$

などが使われる（ [11] 参照)．

乗数法（等式制約つき最適化問題）

1. [初期値設定] 初期解 $\boldsymbol{x}_0$, ラグランジュ定数の初期の推定値 $\boldsymbol{\mu}_0$, 十分大きなパラメータ $\rho > 0$ を決める． $k := 0$

2. [反復]

- 拡張ラグランジュ関数 $L_\rho(\boldsymbol{x},\boldsymbol{\mu})$ を目的関数とする制約なし最適化問題を解き最小解 $\boldsymbol{x}_k$ を求める．
- [終了判定] $(\boldsymbol{x}_k,\boldsymbol{\mu}_k)$ が等式制約つき最小化問題の KKT 条件を満足すれば $(\boldsymbol{x}_k)$ を出力して計算終了．
- ラグランジュ乗数の推定 $\boldsymbol{\mu}_{k+1}$ を (3.36) により $\boldsymbol{\mu}_k$ を用いて決める．
- $k := k+1$ として 2. へ行く．

乗数法の特徴

○ペナルティ関数法と比べ，ペナルティパラメータが大きくなっても数値的に安定

3.2.3 逐次 2 次計画法

制約なし最適化問題に対するニュートン法・準ニュートン法を思い出そう．ニュートン法は，目的関数 $f(\boldsymbol{x})$ を式 (3.12) のように $\boldsymbol{x}_k$ のまわりで 2 次関数で近似し，その最適化を行ったものであった．さらに準ニュートン法では，ヘッセ行列 $\nabla^2 f(\boldsymbol{x}_k)$ を適当な近似行列 B_k にかえてニュートン法の改善を行った．この方針に基づいた制約つき最適化問題の解法が，**逐次 2 次計画法**（**sequential quadratic programming method: SQP 法**）である．

すなわち，逐次 2 次計画法では，制約つき最適化問題 (1.4) の KKT 条件を $(\boldsymbol{x},\boldsymbol{\lambda},\boldsymbol{\mu})$ に関する連立非線形方程式とみて（準）ニュートン法で解くことを考えるというわけである．しかし，実際には，直接制約つき最適化問題 (1.4) の KKT 条件を準ニュートン法で解くことは行わない．そのことと本質的に等価である別の方策「制約つき最適化問題 (1.4) に関連した 2 次計画問題 (3.37) を解いて，(3.37) の KKT 条件を満たす解とそれにともなうラグランジュ乗数を求める」ことを実行する．以下，その詳細と妥当性について説明する．

まず，制約つき最適化問題 (1.4) に関連して $\boldsymbol{d}$ を変数とする次の 2 次計画問題を考える．

制約つき最適化問題のための 2 次計画問題

$$\begin{aligned}&\text{目的関数:}\quad \nabla f(\boldsymbol{x}_k)^T\boldsymbol{d}+\frac{1}{2}\boldsymbol{d}^T B_k\boldsymbol{d}\to \text{最小}\\&\text{制約条件:}\quad g_i(\boldsymbol{x}_k)+\nabla g_i(\boldsymbol{x}_k)^T\boldsymbol{d}\le 0,\ i=1,2,\ldots,\ell,\\&\qquad\qquad\quad h_j(\boldsymbol{x}_k)+\nabla h_j(\boldsymbol{x}_k)^T\boldsymbol{d}=0,\ j=1,2,\ldots,m\end{aligned}\tag{3.37}$$

ここで，B_k はラグランジュ関数のヘッセ行列 $\nabla^2_{\boldsymbol{x}}L(\boldsymbol{x},\boldsymbol{\lambda},\boldsymbol{\mu})$ の近似行列で，正定値行列であるように構成する（B_k の詳細は後述する）．制約条件は，$g_i(\boldsymbol{x})$, $h_j(\boldsymbol{x})$ を $\boldsymbol{x}_k$ のまわりに 1 次の項までテイラー展開したものである．

各反復において，この 2 次計画問題 (3.37) を解いて求めた $\boldsymbol{d}$ を方向ベクトルとする反復法が逐次 **2** 次計画法である．反復ごとに解く式 (3.37) が 2 次計画問題で，B_k が半正定値なので目的関数は凸となり非線形計画問題の中では比較的解きやすい問題のクラスになっていることがポイントである．

逐次 2 次計画法の仕組みについて見てみよう．2 次計画問題 (3.37) についての最適性必要条件である KKT 条件は以下である．

問題 (3.37) の KKT 条件

$$\begin{aligned}&B_k\boldsymbol{d}+\nabla f(\boldsymbol{x}_k)+\sum_{i=1}^{\ell}\lambda_i\nabla g_i(\boldsymbol{x}_k)+\sum_{j=1}^{m}\mu_j\nabla h_j(\boldsymbol{x}_k)=\boldsymbol{0}\\&g_i(\boldsymbol{x}_k)+\nabla g_i(\boldsymbol{x}_k)^T\boldsymbol{d}\le 0,\ i=1,2,\ldots,\ell,\\&h_j(\boldsymbol{x}_k)+\nabla h_j(\boldsymbol{x}_k)^T\boldsymbol{d}=0,\ j=1,2,\ldots,m,\\&\lambda_i\ge 0,\ i=1,2,\ldots,\ell,\\&\lambda_j\cdot(g_i(\boldsymbol{x}_k)+\nabla g_i(\boldsymbol{x}_k)^T\boldsymbol{d})=0,\ i=1,2,\ldots,\ell\end{aligned}\tag{3.38}$$

つまり，2 次計画問題 (3.37) を解いて最適解 $\boldsymbol{d}$ を求め，さらにそれに対応するラグランジュ乗数ベクトル $\boldsymbol{\lambda},\boldsymbol{\mu}$ を求めたとすると，それらはこの KKT 条件 (3.38) を満たす．ここで，$\boldsymbol{d}=\boldsymbol{0}$ の場合を考えると，明らかにこの条件は，もともとの制約つき最適化問題 (1.4) の KKT 条件と等しい．これからわかることは，反復において $\boldsymbol{d}=\boldsymbol{0}$ となればもとの問題の KKT 条件を満たし，反復法は終了してよいということである．よって $\boldsymbol{d}=\boldsymbol{0}$ が終了条件になる．

反復の過程において $\boldsymbol{d}\neq\boldsymbol{0}$ でない間，次の $\boldsymbol{x}_k$ は，2 次計画問題を解いて得られた $\boldsymbol{d}$ を使って以下によって決める．

$$\boldsymbol{x}_{k+1}=\boldsymbol{x}_k+\alpha_k\boldsymbol{d} \tag{3.39}$$

ステップ幅 α_k は，直線探索で決めるが，その際の解の評価では $f(\boldsymbol{x})$ ではなくペナルティ関数を足した関数を用いるのが有効であるといわれている．そのような関数をメリット関数（**merit function**）という．たとえば，この場合には式 (3.32) において $\alpha=\beta=1$ とおいた関数

$$P(\boldsymbol{x},\rho)=f(\boldsymbol{x})+\rho\left\{\sum_{i=1}^{\ell}(\max(0,g_i(\boldsymbol{x})))+\sum_{j=1}^{m}|h_j(\boldsymbol{x})|\right\} \tag{3.40}$$

などを用いる．そうすると，2 次計画問題を解いて得られる探索方向がメリット関数の降下方向になることが保証される．

B_k の選び方に触れておく．準ニュートン法のときは，ヘッセ行列 $\nabla^2 f(\boldsymbol{x}_k)$ を B_k で近似したが，逐次 2 次計画法の場合は制約条件の影響も考慮するので，B_k はラグランジュ関数

$$L(\boldsymbol{x},\boldsymbol{\lambda},\boldsymbol{\mu})=f(\boldsymbol{x})+\sum_{i=1}^{\ell}\lambda_i g_i(\boldsymbol{x})+\sum_{j=1}^{m}\mu_j h_j(\boldsymbol{x})$$

の変数 $\boldsymbol{x}$ に関するヘッセ行列

$$\nabla^2_{\boldsymbol{x}}L(\boldsymbol{x},\boldsymbol{\lambda},\boldsymbol{\mu})=\nabla^2 f(\boldsymbol{x})+\sum_{i=1}^{\ell}\lambda_i\nabla^2 g_i(\boldsymbol{x})+\sum_{j=1}^{m}\mu_j\nabla^2 h_j(\boldsymbol{x})$$

の近似行列とする．B_k をどう選ぶかも，準ニュートン法のときと同様に考えられる．実際，

$$\begin{aligned}\boldsymbol{y}_k&=\nabla_{\boldsymbol{x}}L(\boldsymbol{x}_{k+1},\boldsymbol{\lambda}_{k+1},\boldsymbol{\mu}_{k+1})-\nabla_{\boldsymbol{x}}L(\boldsymbol{x}_k,\boldsymbol{\lambda}_k,\boldsymbol{\mu}_k),\\ \boldsymbol{s}_k&=\boldsymbol{x}_{k+1}-\boldsymbol{x}_k\end{aligned} \tag{3.41}$$

とおいて，準ニュートン法の BFGS 公式 (3.27) とすることが考えられる．し

かしながら，この場合には $(\boldsymbol{s}_k)^T\boldsymbol{y}_k > 0$ が成り立つとは限らないので B_{k+1} の正定値性が保証できない．そこで，式 (3.27) はそのままで $\boldsymbol{y}_k$ を以下のように $\hat{\boldsymbol{y}}_k$ に修正することで B_{k+1} の正定値性を保証できる方法が提案された．この式を，パウエルの修正 **BFGS** 公式（**Powell's modified BFGS update**）と呼ぶ．

パウエルの修正 BFGS 公式

$$B_{k+1} = B_k - \frac{B_k\boldsymbol{s}_k(B_k\boldsymbol{s}_k)^T}{(\boldsymbol{s}_k)^T B_k\boldsymbol{s}_k} + \frac{\hat{\boldsymbol{y}}_k(\hat{\boldsymbol{y}}_k)^T}{(\boldsymbol{s}_k)^T\hat{\boldsymbol{y}}_k} \tag{3.42}$$

ここで，

$$\hat{\boldsymbol{y}}_k = \begin{cases} \boldsymbol{y}_k & (\boldsymbol{s}_k)^T\boldsymbol{y}_k \geq \gamma(\boldsymbol{s}_k)^T B_k(\boldsymbol{s}_k) \text{ のとき} \\ \beta_k\boldsymbol{y}_k + (1-\beta_k)B_k\boldsymbol{s}_k & (\boldsymbol{s}_k)^T\boldsymbol{y}_k < \gamma(\boldsymbol{s}_k)^T B_k(\boldsymbol{s}_k) \text{ のとき} \end{cases} \tag{3.43}$$

ただし，

$$\beta_k = \frac{(1-\gamma)(\boldsymbol{s}_k)^T B_k(\boldsymbol{s}_k)}{(\boldsymbol{s}_k)^T B_k(\boldsymbol{s}_k) - (\boldsymbol{s}_k)^T\boldsymbol{y}_k}$$

であり，γ は $0 < \gamma < 1$ を満たすパラメータである．

注 3.5) γ は あらかじめ決めておくパラメータで，パウエル自身は $\gamma = 0.2$ として公式を提案している．

この公式は，セカント条件 (3.22) を緩和した条件

$$B_{k+1}\boldsymbol{s}_k = \hat{\boldsymbol{y}}_k \tag{3.44}$$

を満足し，常に $(\boldsymbol{s}_k)^T\hat{\boldsymbol{y}}_k > 0$ も成り立つので B_{k+1} の正定値性を保証できるようになっている．

収束性については，適当な仮定のもとに大域的収束性や局所的超 1 次収束性が示されている．しかし，大域的収束と超 1 次収束を同時に実現しようとすると，大域的収束のためには，最終的に解の近くでメリット関数を降下させるためのステップ幅 α_k を小さくしないといけない一方で，超 1 次収束のためには $\alpha_k = 1$ が必要で，両立しないという問題がある．これはマラトス効果（**Maratos effect**）と呼ばれる．マラトス効果を避けるための解法も考案されている．詳細は [10,11] などにある．

逐次 2 次計画法（不等式制約つき最適化問題）

1. [初期値設定] 初期解 $\boldsymbol{x}_0$ と n 次正定値対象行列 B_0 を決める．
   $k := 0$
2. [2 次計画問題] 2 次計画部分問題 (3.37) を解いて，$\boldsymbol{d}$ とラグランジュ乗数ベクトル $\boldsymbol{\lambda}_{k+1}, \boldsymbol{\mu}_{k+1}$ を求める．
3. [終了判定] $||\boldsymbol{d}||$ が十分 0 に近ければ $\boldsymbol{x}_k$ を出力して終了．
4. [反復]
   - メリット関数による直線探索によってステップ幅 α_k を決定し $\boldsymbol{x}_{k+1} := \boldsymbol{x}_k + \alpha_k \boldsymbol{d}$ とする．
   - パウエルの修正 BFGS 公式 (3.42) に従って B_{k+1} を生成する．
   - $k := k+1$ として 2. へ行く．

逐次 2 次計画法の特徴

○適当な仮定の下に大域的収束や局所的超 1 次収束

○実用的に有効．多くの非線形最適化ソフトに組込

3.2.4 内点法

次に，内点法（**interior point method**）を紹介する．内点法は，内部ペナルティ関数法の弱点を回避する方法でもあり，制約つき最適化問題の KKT 条件に着目して，条件を満たす解をニュートン法を利用して求めることを狙ったアルゴリズムである．

ここでは，等式のみの制約つき最適化問題を考える．

$$\begin{array}{lll} \text{目的関数:} & f(\boldsymbol{x}) & \to \text{最小} \\ \text{制約条件:} & h_i(\boldsymbol{x}) = 0 & (i = 1, 2, \ldots, m) \\ & x_j \geq 0 & (j = 1, 2, \ldots, n) \end{array} \tag{3.45}$$

注 3.6) 不等式条件 $g_i(\boldsymbol{x}) \leq 0$ は非負のスラック変数 z_i を用いて $g_i(\boldsymbol{x}) + z_i = 0, z_i \geq 0$ と書ける．また，符号制約のない変数 x_j は $x_j = x_j^+ - x_j^-$, $x_j^+ \geq 0, x_j^- \geq 0$ と変換できる．よって，この問題 (3.45) も制約つき非線形最適化問題の一般形といえる．

内点法の説明の前に，内点について説明する．問題 (3.45) で，$x_j > 0$ $(j = 1, 2, \ldots, n)$ を満たす点を内点（**interior point**）といい，さらに $h_i(\boldsymbol{x}) = 0$ $(i = 1, 2, \ldots, m)$ を満たせば実行可能内点（**feasible interior point**）という．以下では，実行可能内点 $\boldsymbol{x}'$ が存在するつまり次式を仮定する．

$$
\begin{aligned}
&h_i(\boldsymbol{x}') = 0,\ (i = 1, 2, \ldots, m),\\
&x'_j > 0\ (j = 1, 2, \ldots, n).
\end{aligned}
\tag{3.46}
$$

反復の仮定において，$\boldsymbol{x}$ が内点であること，つまり $x_j > 0$ で 0 は含まないということを実現するために（変数の非負条件のログバリア関数を使った）内部ペナルティ関数を導入する．すると，問題 (3.45) は以下の問題に書き換えられる．

問題 (3.45) の内点ペナルティ関数法による定式化

$$
\begin{aligned}
&\text{目的関数:} \quad f(\boldsymbol{x}) - \rho \sum_{j=1}^{n} \log x_j \quad \to \text{最小}\\
&\text{制約条件:} \quad h_i(\boldsymbol{x}) = 0 \quad (i = 1, 2, \ldots, m),\\
&\qquad\qquad\quad\ x_j > 0 \qquad (j = 1, 2, \ldots, n)
\end{aligned}
\tag{3.47}
$$

ただし，$\rho > 0$ はパラメータである．

注 3.7) $-\log x_j$ は $x_j > 0$ で凸関数なので，もし $f(\boldsymbol{x})$ が凸関数であれば目的関数は凸関数である．

この問題 (3.47) のラグランジュ関数は

$$
L_\rho(\boldsymbol{x}, \boldsymbol{\mu}) = f(\boldsymbol{x}) - \rho \sum_{j=1}^{n} \log x_j + \sum_{i=1}^{m} \mu_i h_i(\boldsymbol{x})
$$

であり，KKT 条件は以下である．問題 (3.47) の局所的最適解はこの条件を満たす．

$$
\begin{aligned}
&\nabla f(\boldsymbol{x}) - \rho\left(\tfrac{1}{x_1}, \tfrac{1}{x_2}, \cdots, \tfrac{1}{x_n}\right)^T + \sum_{i=1}^{m} \mu_i \nabla h_i(\boldsymbol{x}) = \boldsymbol{0},\\
&h_i(\boldsymbol{x}) = 0 \qquad (i = 1, 2, \ldots, m),\\
&x_j > 0 \qquad (j = 1, 2, \ldots, n)
\end{aligned}
\tag{3.48}
$$

ここで，

$$v_j = \frac{\rho}{x_j} \qquad (j = 1, 2, \ldots, n) \tag{3.49}$$

とおくと，(3.47) に対する KKT 条件は以下のようにまとめることができる．

問題 (3.47) の KKT 条件

$$\nabla f(\boldsymbol{x}) - \boldsymbol{v} + \textstyle\sum_{i=1}^{m} \mu_i \nabla h_i(\boldsymbol{x}) = \boldsymbol{0}, \tag{3.50}$$

$$h_i(\boldsymbol{x}) = 0 \qquad (i = 1, 2, \ldots, m), \tag{3.51}$$

$$v_j x_j = \rho \qquad (j = 1, 2, \ldots, n), \tag{3.52}$$

$$\boldsymbol{x} > \boldsymbol{0}, \quad \boldsymbol{v} > \boldsymbol{0} \tag{3.53}$$

ここで，式 (3.53) は内点条件である（μ_i に符号制約はないことに注意）．

パラメータ $\rho > 0$ が与えられたとき，これらの条件（式 (3.50)〜(3.53)）を満たす解 $(\boldsymbol{x}(\rho), \boldsymbol{\mu}(\rho), \boldsymbol{v}(\rho))$ を ρ に対する ρ-中心（ρ-**center**）という．また，ρ の値を正の値から 0 に近づけていくときに生成される ρ-中心の軌跡を中心パス（**center path**）と呼ぶ．

図 3.8 は，ρ の値を正の値から 0 に近づけていくにしたがって，実行可能領域の中を通って最適解 $\boldsymbol{x}^*$ へ近づいていく様子の一例を表している．

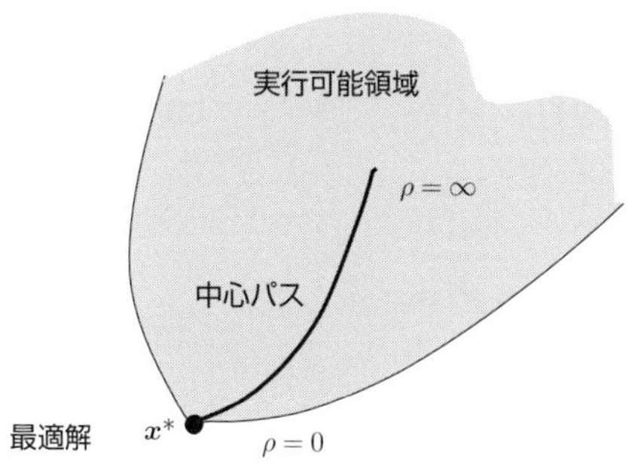

図 3.8　中心パス

内点法での反復解 $(\boldsymbol{x}_k, \boldsymbol{\mu}_k, \boldsymbol{v}_k)$ は，条件 (3.50)〜(3.53) を厳密には満たすとは限らないので，次のように修正するとしよう．

$$\boldsymbol{x}_{k+1} = \boldsymbol{x}_k + \boldsymbol{d}_x \tag{3.54}$$

$$\boldsymbol{\mu}_{k+1} = \boldsymbol{\mu}_k + \boldsymbol{d}_\mu \tag{3.55}$$

$$\boldsymbol{v}_{k+1} = \boldsymbol{v}_k + \boldsymbol{d}_v \tag{3.56}$$

以下，$\boldsymbol{x}_k = (x_{1,k}, x_{2,k}, \ldots, x_{n,k})$, $\boldsymbol{\mu}_k = (\mu_{1,k}, \mu_{2,k}, \ldots, \mu_{m,k})$, $\boldsymbol{v}_k = (v_{1,k}, v_{2,k}, \ldots, v_{n,k})$ と書くとする．また，$\boldsymbol{d}_x = (d_{x,1}, d_{x,2}, \ldots, d_{x,n})$, $\boldsymbol{d}_\mu = (d_{\mu,1}, d_{\mu,2}, \ldots, d_{\mu,m})$, $\boldsymbol{d}_v = (d_{v,1}, d_{v,2}, \ldots, d_{v,n})$ とする．

このとき，方向ベクトル $(\boldsymbol{d}_x, \boldsymbol{d}_\mu, \boldsymbol{d}_v)$ は以下のように，ニュートン法の考えを適用して求める．テイラー展開による近似式

$$\nabla f(\boldsymbol{x}_k + \boldsymbol{d}_x) \approx \nabla f(\boldsymbol{x}_k) + \nabla^2 f(\boldsymbol{x}_k)\boldsymbol{d}_x \tag{3.57}$$

$$h_i(\boldsymbol{x}_k + \boldsymbol{d}_x) \approx h_i(\boldsymbol{x}_k) + \nabla h_i(\boldsymbol{x}_k)^T \boldsymbol{d}_x \tag{3.58}$$

$$\nabla h_i(\boldsymbol{x}_k + \boldsymbol{d}_x) \approx \nabla h_i(\boldsymbol{x}_k) + \nabla^2 h_i(\boldsymbol{x}_k)\boldsymbol{d}_x \tag{3.59}$$

を使って，$(\boldsymbol{x}_{k+1}, \boldsymbol{\mu}_{k+1}, \boldsymbol{v}_{k+1})$ と $\rho = \rho_k$ に条件 (3.50)〜(3.52) を適用して，$\boldsymbol{d}_x, \boldsymbol{d}_\mu, \boldsymbol{d}_v$ に関する以下の連立 1 次方程式を得る．ただし，計算過程で $\boldsymbol{d}_x, \boldsymbol{d}_\mu, \boldsymbol{d}_v$ に関する 2 次の項は微小なものとして無視している．

$$\begin{aligned}
&\nabla^2 f(\boldsymbol{x}_k)\boldsymbol{d}_x - \boldsymbol{d}_v + \sum_{i=1}^m \mu_{i,k} \nabla^2 h_i(\boldsymbol{x}_k)\boldsymbol{d}_x + \sum_{i=1}^m d_{\mu,i} \nabla h_i(\boldsymbol{x}_k) \\
&\qquad = -\nabla f(\boldsymbol{x}_k) + \boldsymbol{v}_k - \sum_{i=1}^m \mu_{i,k} \nabla h_i(\boldsymbol{x}_k), \qquad (3.60)\\
&\nabla h_i(\boldsymbol{x}_k)^T \boldsymbol{d}_x = -h_i(\boldsymbol{x}_k) \quad (i = 1, 2, \ldots, m), \qquad (3.61)\\
&v_{j,k} d_{x,j} + x_{j,k} d_{v,j} = \rho_k - v_{j,k} x_{j,k} \quad (j = 1, 2, \ldots, n). \qquad (3.62)
\end{aligned}$$

式 (3.60)〜(3.62) を解けば，方向ベクトル $(\boldsymbol{d}_x, \boldsymbol{d}_\mu, \boldsymbol{d}_v)$ が求まる．この連立方程式は，変数と条件式が同じ数（$2n + m$ 個）なので係数行列が正則であれば解が一意に決まる．ただし，式生成の途中で近似が入っているので得られた解 $(\boldsymbol{x}_{k+1}, \boldsymbol{\mu}_{k+1}, \boldsymbol{v}_{k+1})$ がもとの条件 (3.50)〜(3.53) を一般には満たさない．また，式 (3.60)〜(3.62) の右辺をみると，すべて今の解 $(\boldsymbol{x}_k, \boldsymbol{\mu}_k, \boldsymbol{v}_k)$ か

らなる式であることがわかる．

反復式 (3.54)〜(3.56) によって，反復解が内点でなくなることも起こりうる．そのためにステップ幅をパラメータによって調整し $\boldsymbol{x}_{k+1}, \boldsymbol{v}_{k+1}$ を内点にとどめることが必要である．α_k の決定では，直線探索を用いる．ただし，解の評価については問題 (3.47) の目的関数そのままでなく内部あるいは外部ペナルティを加えた関数を用いるのが有効だと考えられておりメリット関数を用いる．たとえば，

$$F(\boldsymbol{x}) = f(\boldsymbol{x}) - \rho \sum_{j=1}^{n} \log x_j + \sum_{i=1}^{m} |h_i(\boldsymbol{x})| \tag{3.63}$$

を用いて，直線探索によってこの関数値を減少させて α_k を決める．

終了判定は，条件 (3.50)〜(3.53) が最適性必要条件であることから，これらの等式が十分な精度で成立していること，および，ρ が十分 0 に近いことの 2 つで行う．

ρ_{k+1} の決定については，現在の解 $(\boldsymbol{x}_k, \boldsymbol{\mu}_k, \boldsymbol{v}_k)$ が中心パス上にあるとき ρ に関する条件 (3.52) より，$(\boldsymbol{v}_k)^T \boldsymbol{x}_k = n\rho_k$ が成り立つ．よって，$\rho_k = \dfrac{1}{n}(\boldsymbol{v}_k)^T \boldsymbol{x}_k$ が成立する．そこで $\rho_{k+1} = \dfrac{\delta}{n}(\boldsymbol{v}_{k+1})^T \boldsymbol{x}_{k+1}$ とする場合が多い．ここで，パラメータ $0 < \delta < 1$ はあらかじめ適当に設定しておく．

以上，まとめると内点法のアルゴリズムは以下のようになる．

内点法（制約つき最適化問題）

1. [初期値設定] 初期内点 $(\boldsymbol{x}_0, \boldsymbol{\mu}_0, \boldsymbol{v}_0)$ と初期パラメータ $\rho_0 > 0$ を決める．　$k := 0$
2. [終了判定] $\boldsymbol{x}_k$ が $\boldsymbol{x}^*$（1 次最適性条件を満たす解）に近ければ $\boldsymbol{x}_k$ を出力して終了．
3. [反復]
   - 連立 1 次方程式 (3.60)〜(3.62) を解いて $\boldsymbol{d}_x, \boldsymbol{d}_\mu, \boldsymbol{d}_v$ を求める．
   - $\boldsymbol{x}_k + \alpha_k \boldsymbol{d}_x > 0$, $\boldsymbol{v}_k + \alpha_k \boldsymbol{d}_v > 0$ が成り立つようにパラメータ $0 \leq \alpha_k \leq 1$ を決め

$$\boldsymbol{x}_{k+1} = \boldsymbol{x}_k + \alpha_k \boldsymbol{d}_x,\ \boldsymbol{\mu}_{k+1} = \boldsymbol{\mu}_k + \alpha_k \boldsymbol{d}_\mu,\ \boldsymbol{v}_{k+1} = \boldsymbol{v}_k + \alpha_k \boldsymbol{d}_v$$

とする．

- パラメータ ρ を $(0<)\rho_{k+1}<\rho_k$ を満たす ρ_{k+1} に更新する．
- $k:=k+1$ として 2. へ行く．

上述の考え方を振り返ると，改めて非線形連立方程式(3.50)〜(3.53)（KKT条件）を解くのにニュートン法を適用したととらえることができる．ただし，内点法の場合にはニュートン法による式 (3.54)〜(3.56) の反復の際に，中心パスを求めるための ρ の変化も同時に行いつつ，近似的に中心パスに沿いながら，問題 (3.47) の $\rho\to 0$ における解へ収束させるという方法になっている．また，収束解は，内部ペナルティ関数の性質よりもとの問題 (3.45) に対する 1 次の最適性条件を満たす．

最後に，内点法の収束性については，α_k を決めるための直線探索を工夫すると適当な仮定のもとに大域的収束性をもつこと，また，局所的収束性についても同様に適当な仮定をすれば 2 次収束することが知られている．

内点法の特徴

○適当な仮定のもとに大域的収束や局所的 2 次収束
○実用的に有効，逐次 2 次計画法と並んで非線形最適化の主要な手法

3.3 線形計画法

線形計画問題は，いくつかの 1 次不等式や等式で表される制約条件のもとで 1 次関数を最小化あるいは最大化する最適化問題である．最適化の中で最も基本的な問題で現実にとても大きな規模の問題を解くことができる．ここでは，線形計画問題の代表的な 2 つのアルゴリズムの原理を理解することを目標に説明する．線形計画法については，ほとんどの最適化に関する本にはとりあげられており，また数多くの専門書があるので，詳細についてはたとえば [1,11,16] などを参照されたい．

一般に，いろいろな形の線形計画問題の表現があるが，適当な変形を施すことで標準形と呼ばれる問題 (3.64) へ帰着できる．

線形計画問題（標準形）

$$\begin{aligned} &\text{目的関数:} \quad \boldsymbol{c}^T\boldsymbol{x} \to \text{最小} \\ &\text{制約条件:} \quad \boldsymbol{A}\boldsymbol{x} = \boldsymbol{b},\ \boldsymbol{x} \geq \boldsymbol{0} \end{aligned} \tag{3.64}$$

ここで，$\boldsymbol{A} = (a_{ij})$ は $m \times n$ 行列で，$\boldsymbol{b}^T = (b_1, b_2, \ldots, b_m)$, $\boldsymbol{c}^T = (c_1, c_2, \ldots, c_n)$, $\boldsymbol{x}^T = (x_1, x_2, \ldots, x_n)$ である．

実際には以下の方法を適宜用いれば標準形に変換できる．

- 最大化の問題：目的関数に -1 をかけて最小化とする．
- 不等式制約を含む場合：不等式制約 $\sum_{j=1}^{n} a_{ij}x_j \leq b_i$ に対して，非負のスラック変数 x_{n+i} を導入して $(\sum_{j=1}^{n} a_{ij}x_j) + x_{n+i} = b_i \quad (x_{n+i} \geq 0)$ というように等式制約と非負制約に変換できる．
- 符号の制約のない変数を含む場合：非負制約を課さない変数は，2 つの非負変数 x_i^+, x_i^- を導入して $x_i = x_i^+ - x_i^- \quad (x_i^+ \geq 0, x_i^- \geq 0)$ と変換できる．

3.3.1　基底解と最適解

2 変数の場合の線形計画問題の例を考える．

$$\begin{aligned} &\text{目的関数:} \quad 2x_1 + x_2 \to \text{最小} \\ &\text{制約条件:} \quad 4x_1 + x_2 \leq 9 \\ &\qquad\qquad\quad x_1 + 2x_2 \leq 4 \\ &\qquad\qquad\quad 2x_1 - 3x_2 \leq -6 \end{aligned} \tag{3.65}$$

2 変数の線形計画問題は大学入試において頻出の問題であり，この問題も入試問題（京都大学 文系 2010 年）の一部を最適化問題の書き方に直したものである．

入試問題としてこの問題を解くときの解法を思い出してもらいたい．新たな変数 k を導入して $2x_1 + x_2 = k$ とする．目的関数にあたる k の値が，直線 $x_2 = -2x_1 + k$ の x_2 切片に相当していることに注意する．x_1, x_2 の可能領域を図示し，その可能領域に直線 $x_2 = -2x_1 + k$ が交わる状況下で，x_2 切片が最小になるときに目的関数が最小値となる．この問題の実行可能領域

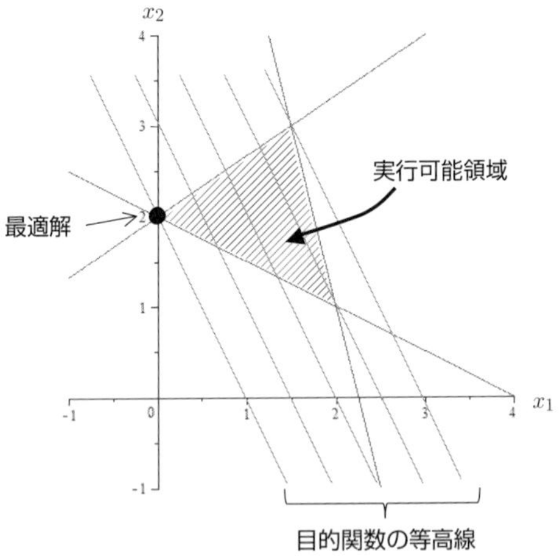

図 3.9　線形計画問題の例

と目的関数の等高線を示したのが図 3.9 である．

2 変数の線形計画問題では，一般に実行可能領域は凸多角形で目的関数の等高線は並行な直線となるので，最適解は実行可能領域である凸多角形の境界上に存在する．その凸多角形の頂点のうち少なくとも 1 つが最適解になっていることがわかる（目的関数の等高線が，実行可能領域の 1 つの辺と平行になっており，その端点が最適解になっているときはその辺上のすべての点が最適解となる）．

同様の性質は一般の n 変数線形計画問題に対しても成立する．つまり，線形計画問題の実行可能領域は一般に $\mathbb{R}^n$ 内の**凸多面体**であり，最適解が存在するとき，凸多面体の頂点の中にその最適解があることがいえる．

一般の線形計画問題 (3.64) で等式制約の係数行列 $\boldsymbol{A}$ が $\mathrm{rank}\boldsymbol{A} = m\ (n > m)$ とする．行列 $\boldsymbol{A}$ から m 本の線形独立な列ベクトルを 1 組選んだときに，それらを並べて作る $m \times m$ 正則行列を $\boldsymbol{B}$ とおく．この正則行列 $\boldsymbol{B}$ を基底行列（**basic matrix**）といい，それに対応する変数を基底変数（**basic variable**）という（$\mathrm{rank}\boldsymbol{A} = m$ でも $\boldsymbol{A}$ の n 個の列から m 個選んでつくる $m \times m$ 行列 $\boldsymbol{B}$ が必ずしも正則にならないこともあることに注意）．残りの $n - m$ 個

の変数を非基底変数（**nonbasic variable**）といい，それらに対応する列ベクトルを並べた $m \times (n-m)$ 行列を $\boldsymbol{N}$ とする．$\boldsymbol{N}$ を非基底行列（**nonbasic matrix**）という．基底変数からなる m 次元ベクトルを $\boldsymbol{x}_B$，非基底変数からなる $n-m$ 次元ベクトルを $\boldsymbol{x}_N$ とすれば，行列の列と変数の順序を適当に並べ替えることで

$$\boldsymbol{A} = (\boldsymbol{B}, \boldsymbol{N}), \quad \boldsymbol{x} = \begin{pmatrix} \boldsymbol{x}_B \\ \boldsymbol{x}_N \end{pmatrix} \tag{3.66}$$

と分割される．このとき制約条件 $\boldsymbol{Ax} = \boldsymbol{b}$ は

$$\boldsymbol{B}\boldsymbol{x}_B + \boldsymbol{N}\boldsymbol{x}_N = \boldsymbol{b} \tag{3.67}$$

と書ける．ここで $\boldsymbol{B}$ が正則なので非基底関数の値を 0 とおくことにより基底変数は

$$\boldsymbol{x}_B = \boldsymbol{B}^{-1}\boldsymbol{b}, \quad \boldsymbol{x}_N = \boldsymbol{0} \tag{3.68}$$

と一意に決まる．こうして決まる変数

$$\boldsymbol{x} = \begin{pmatrix} \boldsymbol{x}_B \\ \boldsymbol{x}_N \end{pmatrix} = \begin{pmatrix} \boldsymbol{B}^{-1}\boldsymbol{b} \\ \boldsymbol{0} \end{pmatrix} \tag{3.69}$$

を基底解（**basic solution**）という．基底解のすべての変数が非負のとき，すなわち $\boldsymbol{B}^{-1}\boldsymbol{b} \geq \boldsymbol{0}$ のとき，実行可能基底解（**basic feasible solution**）という．

線形計画問題の標準形が与えられたとき，以下の定理が成立することが知られており，線形計画問題で最適解を求めるアルゴリズムの基礎となっている．証明などの詳細は [11] を参照されたい．

線形計画問題の基本定理

1. 実行可能領域が存在するならば，実行可能基底解が存在する．
2. 最適解が存在するならば，実行可能基底解の中に最適解が存在する．

この定理により，線形計画問題を解くには実行可能基底解を調べて最適解を探せばよいことがわかる．実行可能基底解で最適解であるものを最適基底解（**basic optinal solution**）という．各々の実行可能基底解が実行可能領域（凸多面体）の頂点に対応しているので，実行可能基底解を調べるということは，

凸多面体において頂点を探索していくことを意味している．

基底変数の選び方はいくつもあり得るので，実行可能基底解もそれに応じていくつも得られる．実行可能基底解の個数は，たかだか n 個の変数から m 個の変数を選ぶ組合せの数，すなわち ${}_n\mathrm{C}_m = \frac{n!}{(n-m)!m!}$ である．よって，これら有限個の実行可能基底解をチェックすれば最適基底解を求めることができるが，n, m が大きくなってくると膨大な数になるため，効率よく実行可能基底解を調べる方法が必要になる．

3.3.2 項で紹介する単体法は，効率よく実行可能基底解（すなわち，凸多面体の頂点）を調べて有限回の手順で最適解に到達するアルゴリズムである．3.3.3 項では，凸多面体の頂点を辿る探索をするのではなく，実行可能領域の内点を通って最適基底解に至る内点法を紹介する（図 3.3 参照）．

3.3.2 単体法

線形計画問題 (3.64) の解法である単体法（**simplex method**）は，1947 年にダンツィック（G.B. Dantzig）により提案され，今日でも非常に有効な数値解法として広く使われている．単体法の基本的なアイデアは実行可能基底解の 1 つからはじめて，目的関数の値がより小さくなるように次々と新しい実行可能基底解を効率よく求めていき，最終的に最適解に到達するというものである．

基底変数の選び方を変えるとそれに対応した実行可能基底解が得られ，各々が実行可能領域（凸多面体）の頂点に対応している．1 組の基底変数と非基底変数を入れ替えた基底解がまた実行可能解となるとき，この操作は実行可能領域の 1 つの頂点からその隣接する別の頂点に移動することに対応する．このような基底変数と非基底変数の入れ替えをピボット操作という．目的関数の値が減少するようにうまくピボット操作を行うことが効率的な探索の鍵であり単体法の肝である．単体法では，ピボット操作を繰り返し，そのつど得られた実行可能基底解が最適基底解に到達したかどうか判定し，最適基底解に到達したことが判明すればアルゴリズムは終了する．

具体的なピボット操作の説明をする前に，アルゴリズムの終了判定，すなわち実行可能基底解が最適解かどうかの判定について説明しよう．実行可能

基底解 $(\boldsymbol{x}_B, \boldsymbol{x}_N) = (\boldsymbol{B}^{-1}\boldsymbol{b}, \boldsymbol{0})$ を考える．式 (3.67) より基底変数 $\boldsymbol{x}_B$ は非基底変数 $\boldsymbol{x}_N$ を用いて

$$\boldsymbol{x}_B = \boldsymbol{B}^{-1}\boldsymbol{b} - \boldsymbol{B}^{-1}\boldsymbol{N}\boldsymbol{x}_N \tag{3.70}$$

となる．これを目的関数に代入して

$$\begin{aligned} \boldsymbol{c}^T\boldsymbol{x} &= \boldsymbol{c}_B^T\boldsymbol{x}_B + \boldsymbol{c}_N^T\boldsymbol{x}_N \\ &= \boldsymbol{c}_B^T\boldsymbol{B}^{-1}\boldsymbol{b} + (\boldsymbol{c}_N - \boldsymbol{N}^T(\boldsymbol{B}^T)^{-1}\boldsymbol{c}_B)^T\boldsymbol{x}_N \end{aligned} \tag{3.71}$$

を得る．ここで，$\boldsymbol{c}_B, \boldsymbol{c}_N$ はそれぞれ $\boldsymbol{x}_B, \boldsymbol{x}_N$ に対応するベクトル $\boldsymbol{c}$ の要素からなるベクトルである．

問題 (3.64) は，式 (3.70),(3.71) から以下の非基底変数 $\boldsymbol{x}_N$ だけを含む等価な問題に書き換えられる．

線形計画問題（非基底解による表現）

$$\begin{aligned} &\text{目的関数:} \quad \boldsymbol{\pi}^T\boldsymbol{b} + (\boldsymbol{c}_N - \boldsymbol{N}^T\boldsymbol{\pi})^T\boldsymbol{x}_N \to \text{最小} \\ &\text{制約条件:} \quad \boldsymbol{B}^{-1}\boldsymbol{b} - \boldsymbol{B}^{-1}\boldsymbol{N}\boldsymbol{x}_N \geq \boldsymbol{0},\ \boldsymbol{x}_N \geq \boldsymbol{0} \end{aligned} \tag{3.72}$$

このとき，m 次元ベクトル $\boldsymbol{\pi}$ は

$$\boldsymbol{\pi} = (\boldsymbol{B}^T)^{-1}\boldsymbol{c}_B. \tag{3.73}$$

であり単体乗数（**simplex multiplier**）と呼ばれる．また，目的関数の第 2 項目の $\boldsymbol{x}_N$ の係数

$$\boldsymbol{c}_N - \boldsymbol{N}^T\boldsymbol{\pi} \tag{3.74}$$

を，非基底変数 $\boldsymbol{x}_N$ の相対コスト係数と呼ぶ．

相対コスト係数が非負すなわち $\boldsymbol{c}_N - \boldsymbol{N}^T\boldsymbol{\pi} \geq \boldsymbol{0}$ である場合を考える．このとき，問題 (3.72) の制約条件からすべての実行可能解は $\boldsymbol{x}_N \geq \boldsymbol{0}$ を満たすので，目的関数 $\boldsymbol{c}^T\boldsymbol{x}$ は $\boldsymbol{x}_N = \boldsymbol{0}$ のとき最小値 $\boldsymbol{c}^T\boldsymbol{x} = \boldsymbol{\pi}^T\boldsymbol{b}\ (= \boldsymbol{c}_B^T\boldsymbol{B}^{-1}\boldsymbol{b})$ をとることがわかる．よってこのとき，実行可能基底解 $(\boldsymbol{x}_B, \boldsymbol{x}_N) = (\boldsymbol{B}^{-1}\boldsymbol{b}, \boldsymbol{0})$ は問題 (3.72) の最適解になっている．まとめると，次の条件が実行可能基底解の最適性を判定する条件となる．

実行可能基底解の最適性条件

$$\boldsymbol{c}_N - \boldsymbol{N}^T\boldsymbol{\pi} \geq \boldsymbol{0} \tag{3.75}$$

したがって，式 (3.75) を満たす実行可能基底解が最適基底解である．そのときの基底行列を最適基底（行列）という．

具体的なピボット操作の説明に戻る．実行可能基底解が最適基底解ではない，つまり最適性の判定条件 (3.75) が成立しないときを考える．この場合，相対コスト係数 $\boldsymbol{c}_N - \boldsymbol{N}^T\boldsymbol{\pi}$ の要素の中に負のものが少なくとも 1 つ存在している．すなわち，負の係数をもつ非基底変数の 1 つを x_t とすると $c_t - \boldsymbol{\pi}^T\boldsymbol{a}_t < 0$ である．ここで，非基底変数 x_t に対応する行列 $\boldsymbol{A}$ の列を $\boldsymbol{a}_t$ と表している．

非基底変数をすべて 0 と固定して，x_t のみ値を 0 から増やしていけば問題 (3.72) の目的関数が小さくなっていくと考えられる．以降このことを拠り所としてピボット操作のやり方を決めていく．まず注目すべきは，このように x_t の値だけを 0 から増やしていくとき，制約条件 $\boldsymbol{Ax} = \boldsymbol{b}$ が満たされることである．なぜならば，式 (3.70) より，基底変数 $\boldsymbol{x}_B$ は，

$$\boldsymbol{x}_B = \boldsymbol{B}^{-1}\boldsymbol{b} - \boldsymbol{B}^{-1}\boldsymbol{a}_t x_t \tag{3.76}$$

に従っているからである．

一方，以下で定義される値 θ を考える．

$$\theta = \min_{y_i > 0} \left\{ \frac{\bar{b}_i}{y_i} \right\} \tag{3.77}$$

ここで，$i = 1, 2, \ldots, m$ である．また，

$$\bar{\boldsymbol{b}} = \boldsymbol{B}^{-1}\boldsymbol{b}, \quad \boldsymbol{y} = \boldsymbol{B}^{-1}\boldsymbol{a}_t \tag{3.78}$$

としている．

すると，もし $y_i > 0$ となるような i が存在しないときは，非基底関数 x_t を大きくしていくと，問題 (3.72) の目的関数をいくらでも小さくできるため，有限な最小値をもたない，すなわち有界でないことがわかる．よって，有界でないことがわかればアルゴリズムは終了で，$y_i > 0$ となるような i が存在しないことも終了判定条件の 1 つである．

非基底変数 x_t を大きくする際に θ まで増加させても，式 (3.76) と (3.78) より，すべての変数に対して非負条件 $\boldsymbol{x} \geq \boldsymbol{0}$ は成り立つ．つまり，非基底変数 x_t を θ まで増加させる操作をしても，問題 (3.64) の制約はすべて成立していることがわかる．そして，x_t の値を θ まで大きくしたときに，$\theta = \bar{b}_i/y_i$ を満たす i に対応する基底変数の値が 0 になっている．よって，そのような基底変数と非基底変数 x_t を入れ替えるピボット操作を行う．

上記，ピボット操作と実行可能基底解が最適基底解であるかの判別法をアルゴリズムの形で次にまとめる．

単体法

1. 初期実行可能基底解 $(\boldsymbol{x}_B, \boldsymbol{x}_N) = (\boldsymbol{B}^{-1}\boldsymbol{b}, \boldsymbol{0})$ を決める．$\bar{\boldsymbol{b}} = \boldsymbol{B}^{-1}\boldsymbol{b}$ とおく．
2. 単体乗数 $\boldsymbol{\pi} = (\boldsymbol{B}^T)^{-1}\boldsymbol{c}_B$ を計算する．
   - 非基底変数の相対コスト係数 $c_j - \boldsymbol{\pi}^T\boldsymbol{a}_j$ がすべて 0 以上なら，最適基底解が得られているので計算終了．
   - そうでなければ，$c_t - \boldsymbol{\pi}^T\boldsymbol{a}_t < 0$ となる非基底変数 x_t を 1 つ選ぶ．
3. ベクトル $\boldsymbol{y} = \boldsymbol{B}^{-1}\boldsymbol{a}_t$ を計算する．
   - ベクトル $\boldsymbol{y}$ に正の要素がなければ，問題は有界ではないので計算終了．
   - そうでなければ，式 (3.77) の θ と $\theta = \bar{b}_i/y_i$ となる i を求める．
4. 非基底変数 x_t の値を θ，それ以外の非基底変数の値を 0 とおく．基底変数 $\boldsymbol{x}_B$ の値を $\boldsymbol{x}_B = \bar{b} - \theta\boldsymbol{y}$ とおく．
   非基底変数 x_t を基底変数としてステップ 3. で求めた i に対応する基底変数を非基底変数として基底解を更新する．
   ステップ 1. に行く．

単体法のアルゴリズムについていくつかの注意点を述べる．

相対コスト係数が負であるような非基底変数がいくつかあるときは理論的

にはどれをとっても同じであるが，実際には最適解に到達するまでの反復回数は違ってくる．反復回数を減少させるためには，一般に，相対コスト係数の小さいものを選ぶ方がよいとされている．

また，$\theta = \dfrac{\bar{b}_i}{y_i}$ となる i が複数存在する可能性もある．この場合，次の反復に入る時点で値が 0 になるような基底変数をもつ実行可能基底解，すなわち退化した実行可能基底解が現れる．退化した基底解が計算の途中で現れると $\bar{b}_i = 0$ なる i が存在するので $\theta = 0$ となる可能性がある．$\theta = 0$ となるとピボット操作を行っても変数の値が変化せず目的関数も減少しない．さらに退化が生じると，同じ点にとどまったまま基底の入れ替えが続けられ何回かのピボット操作の後でも同じ実行可能基底解であるという状況も起こってくる．このような現象が循環と呼ばれ，避ける方法もいくつか提案されている．また，実際には循環が起こることはほとんどなく実用上は差支えないと考えられている．

初期実行可能基底解 $(\boldsymbol{x}_B, \boldsymbol{x}_N) = (\boldsymbol{B}^{-1}\boldsymbol{b}, \boldsymbol{0})$ を決めるのは必ずしも自明ではない．そこで，まず第 1 段階として問題の実行可能基底解を求め，それを初期実行可能基底解として最適解を計算する **2 段階法**が提案されている．単体法の計算を，表形式で表し実行する方法が知られている．そのような表を**単体表**（**simplex tableau**）という．ここでは省略するが，2 段階法や単体表に興味のある読者は [9, 11, 12] など参照されたい．

3.3.3　内点法

線形計画問題に対するもう 1 つの代表的なアルゴリズムが**内点法**である．単体法と同等か特に大規模な問題に対してより効果的で実用的にも広く用いられている．内点法の考え方は，3.2.4 項で紹介した非線形計画問題の内点法と同様で，線形計画問題の内点法はその特別な場合といえる．内点法の最大の特徴は，多項式時間アルゴリズムであることである．

線形計画問題

$$\text{主問題}\quad \text{目的関数:}\quad \boldsymbol{c}^T\boldsymbol{x} \to \text{最小} \\ \text{制約条件:}\quad \boldsymbol{A}\boldsymbol{x} = \boldsymbol{b},\ \boldsymbol{x} \geq \boldsymbol{0} \tag{3.79}$$

$$\text{双対問題}\quad \text{目的関数:}\quad \boldsymbol{b}^T\boldsymbol{\mu} \to \text{最大} \\ \text{制約条件:}\quad \boldsymbol{A}^T\boldsymbol{\mu} \leq \boldsymbol{c} \tag{3.80}$$

まず，主問題 (3.79) を考える．非線形計画問題の内点法で用いた最適性の必要条件 (3.50)〜(3.53) を問題 (3.79) に適用する．条件 (3.50)〜(3.53) において $h_i(x) = b_i - \sum_{j=1}^{n} a_{ij}x_j \quad (i = 1, 2, \ldots, m)$ を考えると次式を得る．

$$\boldsymbol{A}^T\boldsymbol{\mu} + \boldsymbol{v} = \boldsymbol{c}, \tag{3.81}$$

$$\boldsymbol{A}\boldsymbol{x} = \boldsymbol{b}, \tag{3.82}$$

$$\boldsymbol{X}\boldsymbol{v} = \rho\boldsymbol{e}, \tag{3.83}$$

$$\boldsymbol{x} > \boldsymbol{0},\ \boldsymbol{v} > \boldsymbol{0} \tag{3.84}$$

ここで,$\boldsymbol{X}$ は $\boldsymbol{x}$ の要素を対角要素にもつ n 次正方対角行列を表し $\boldsymbol{X} = \mathrm{diag}(\boldsymbol{x})$ と書くことにする．$\boldsymbol{e}$ はすべての要素が 1 の n 次元ベクトル，すなわち $\boldsymbol{e} = (1, 1, \ldots, 1)^T$ である．式 (3.83) は条件 $x_j v_j = \rho\ (j = 1, 2, \ldots, n)$ を行列の形で表したものである．ここで，ベクトル $\boldsymbol{v}$ は，双対問題 (3.80) の不等式制約を等式制約

$$\boldsymbol{A}^T\boldsymbol{\mu} + \boldsymbol{v} = \boldsymbol{c},\ \boldsymbol{v} > \boldsymbol{0} \tag{3.85}$$

にするために導入されたスラック変数ベクトルとみなせる．

よって，これらの式はそれぞれ以下のことを表している．

- 条件 (3.82), $\boldsymbol{x} > \boldsymbol{0}$: $\boldsymbol{x}$ が主問題の実行可能内点であること
- 条件 (3.81), $\boldsymbol{v} > \boldsymbol{0}$: $(\boldsymbol{\mu}, \boldsymbol{v})$ が双対問題の実行可能内点であること

ここで，線形計画問題の双対性についてみてみよう．まず，主問題と双対問題の目的関数の差 $\boldsymbol{c}^T\boldsymbol{x} - \boldsymbol{b}^T\boldsymbol{\mu}$ に注目する．

$$\boldsymbol{b}^T\boldsymbol{\mu} = \boldsymbol{\mu}^T\boldsymbol{b} = \boldsymbol{\mu}^T\boldsymbol{A}\boldsymbol{x} = (\boldsymbol{c}^T - \boldsymbol{v}^T)\boldsymbol{x}$$

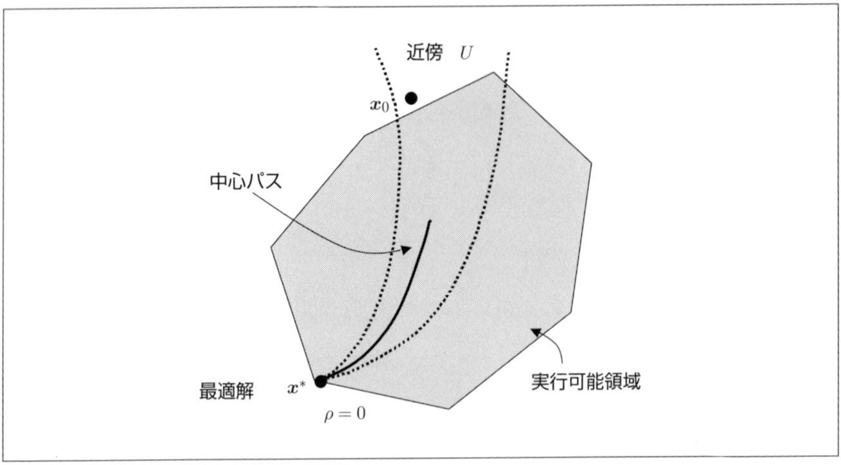

図 3.10　中心パスと近傍 U

であることから，主問題と双対問題の 2 つの目的関数の差 $\boldsymbol{c}^T\boldsymbol{x} - \boldsymbol{b}^T\boldsymbol{\mu}$ は

$$\boldsymbol{c}^T\boldsymbol{x} - \boldsymbol{b}^T\boldsymbol{\mu} = \boldsymbol{x}^T\boldsymbol{v}\ (= \boldsymbol{v}^T\boldsymbol{x}) \tag{3.86}$$

となることがわかる．これより，$\boldsymbol{x}$ と $(\boldsymbol{\mu}, \boldsymbol{v})$ がそれぞれの問題の実行可能解であれば $\boldsymbol{v}^T\boldsymbol{x}$ は非負である．つまり，線形計画問題の場合の弱双対定理（定理 2.7）が成立している．

次に，主問題と双対問題のそれぞれの実行可能解の目的関数の値が一致する（すなわち最適解である）ためには，差（式 (3.86)）がゼロであること，つまり

$$\boldsymbol{v}^T\boldsymbol{x} = 0 \tag{3.87}$$

である（これは，問題 (3.80) を主問題としたときの KKT 条件の相補性条件に対応している）．まとめると以下の補題を得る．

線形計画問題の最適解の相補性

補題 3.1 線形計画問題の主問題 (3.79) および双対問題 (3.80) の各実行可能解 $\boldsymbol{x}, \boldsymbol{\mu}$ がそれぞれの最適解であるための必要十分条件は，相補性条件 $\boldsymbol{v}^T\boldsymbol{x} = 0$ が成立することである．

この補題より，$\rho = 0$ に対して (3.83) が成立すると，条件 (3.81)〜(3.84)

は $\boldsymbol{x}$ と $\boldsymbol{\mu}$ がそれぞれ主問題と双対問題の最適解となるための必要十分条件である．ただし，このとき内点条件 (3.84) を $\boldsymbol{x} \geq \boldsymbol{0}$, $\boldsymbol{v} \geq \boldsymbol{0}$ に緩和しておく必要があることに注意しておく．よって，条件 (3.81)〜(3.84)（ただし $\rho = 0$）を主双対最適性条件（**primal-dual optimality condition**）と呼ぶ．

非線形計画問題の内点法で各反復で用いたニュートン法の連立方程式 (3.60)〜(3.62) は，線形計画問題の場合は以下となる．

$$
\begin{pmatrix} \boldsymbol{A} & 0 & 0 \\ 0 & \boldsymbol{A}^T & I \\ \boldsymbol{V}_k & 0 & \boldsymbol{X}_k \end{pmatrix} \begin{pmatrix} \Delta \boldsymbol{x} \\ \Delta \boldsymbol{\mu} \\ \Delta \boldsymbol{v} \end{pmatrix} = - \begin{pmatrix} \boldsymbol{A}\boldsymbol{x}_k - \boldsymbol{b} \\ \boldsymbol{A}^T \boldsymbol{\mu}_k + \boldsymbol{v}_k - \boldsymbol{c} \\ \boldsymbol{X}_k \boldsymbol{v}_k - \rho_k \boldsymbol{e} \end{pmatrix} \tag{3.88}
$$

ここで，$\boldsymbol{V}_k = \mathrm{diag}(\boldsymbol{v}_k)$ は m 次対角行列，$\boldsymbol{X}_k = \mathrm{diag}(\boldsymbol{x}_k)$ は n 次対角行列，$\boldsymbol{I}$ は単位行列である．

線形計画問題に対する内点法を以下にまとめる．簡単のため主問題は最適解をもつと仮定する．

内点法（線形計画問題）

1. [初期値設定] 初期内点 $(\boldsymbol{x}_0, \boldsymbol{\mu}_0, \boldsymbol{v}_0)$ と初期パラメータ $0 < \delta < 1$ を決める．さらに，$\rho_0 := \delta \boldsymbol{x}_0^T \boldsymbol{v}_0 / n$, $k := 0$ とする．
2. [終了判定] $\boldsymbol{x}_k$ が $\boldsymbol{x}^*$（1 次最適性条件を満たす解）に近ければ $\boldsymbol{x}_k$ を出力して終了．
3. [反復]
   - 連立 1 次方程式 (3.88) を解いて $\Delta \boldsymbol{x}, \Delta \boldsymbol{\mu}, \Delta \boldsymbol{v}$ を求める
   - $\boldsymbol{x}_{k+1}$ が中心パスの近傍 U 内にとどまるように，パラメータ $0 \leq \alpha_k \leq 1$ を決め，以下とする．
     $\boldsymbol{x}_{k+1} = \boldsymbol{x}_k + \alpha_k \Delta \boldsymbol{x}$, $\boldsymbol{\mu}_{k+1} = \boldsymbol{\mu}_k + \alpha_k \Delta \boldsymbol{\mu}$, $\boldsymbol{v}_{k+1} = \boldsymbol{v}_k + \alpha_k \Delta \boldsymbol{v}$
   - パラメータ ρ を $\rho_{k+1} := \delta \boldsymbol{x}_{k+1}^T \boldsymbol{v}_{k+1} / n$ に更新する．
   - $k := k + 1$ として 2. へ行く．

最後に，いくつか内点法についての留意点を記しておく．終了判定や ρ の更新則については非線形計画問題の内点法のときと同様である．α_k の決定では，$\boldsymbol{x}_k$ が内点であるという条件だけでなく中心パスの近傍 U 内にとどまるように最適な値に設定する．ここでは，近傍 U のイメージを図 3.10 で紹

介するに留める．近傍 U の定義や α_k の決定のための最適化問題などの詳細は [12] などを参照されたい．内点法については，理論から応用まで幅広く専門書があるが特に詳細に知りたい場合は [1] を参照されたい．

第4章

メタヒューリスティックス

本章では，限られた計算時間で実用上十分な最適性を有する解を求め得る近似手法として，さまざまな実問題への応用がなされている最適化のパラダイム「メタヒューリスティックス (metaheuristics)」について紹介する．

メタヒューリスティックス				
	SA アニーリング法	TS タブー探索法	GA 遺伝アルゴリズム	PSO 粒子群最適化法
探索点数	解を1つ保持	解を1つ保持	複数の解を保持	複数の解を保持
解の表現	探索点の位置情報	探索点の位置情報 禁止操作情報	探索点の位置情報	探索点の位置情報 局所解情報
解の評価	目的関数	目的関数	目的関数/適応度関数 (多様性も考慮)	目的関数
解の近傍	探索点の近傍	探索点の近傍 ただし､禁止リスト上の近傍を除く	探索点の近傍と探索点間の相互作用による近傍	探索点と探索履歴による近傍
移動戦略の特徴	・近傍内からランダムに解を選択し改善なら移動. 改悪なら温度に応じた確率で移動 ・時間の経過に従って改悪の遷移確率は小さくなる	・近傍内で最もよい解に（改悪でも）移動 ・探索済みの解への後戻りを防ぐため禁止リストにより，しばらくの間後戻りを禁止	・交叉・突然変異により新しい世代が形成され淘汰により強いものが残る仕組みによって探索	・現在の探索方向と個々の探索点の評価がよかった点と群れ全体で評価がよかった点の方向を合成して探索方向を決定
	確率的	確定的	確率的	確率的

図 4.1　メタヒューリスティックスの代表的な手法

4.1 メタヒューリスティックスの考え方と手法

線形計画問題や凸2次最適化問題のような凸計画問題の場合には，局所的最適解が得られれば，それが大域的最適解でもある．しかし，一般に非線形計画問題は非凸計画問題である．このような凸性が成立しない場合には，通常，局所的最適解がいくつも存在する．このような性質をもつ関数を，多峰性の関数という．そのため多峰性の関数については第3章で紹介した既存のアルゴリズムを用いても，局所的最適解のどれかが求まるに過ぎない．非線形計画問題・非凸計画問題の大域的最適解を求めるには，いろいろな初期解からはじめて局所的最適解を繰り返し求め，その中から大域的最適解を探すことが考えられる．単純に初期解を選んで繰り返し局所的最適解を求めていくだけでは計算量が増大し，とても難しくなることが想像できる．そこで，その手順をより効果的に行い，できるだけ効率的によりよい解を求めるための仕組みが重要になる．この目的を実現するための一般的な枠組みを提供するのがメタヒューリスティックス（**metaheuristics**）である．暫定的な解に対し局所探索によって解の更新を行い，求めるものが（大域的最適解ではない）局所的最適解に陥ってしまうことを防ぐための工夫を付加するというのが基本的な考え方である．一般に最適性の保証はできないが，少ない計算時間で質のよい解を求めることができる場合が多いため実用性が高く，離散最適化だけでなく連続最適化までさまざまな問題への応用がなされている [5,6,8]．

もともと人や生物の問題解決能力を模擬することで生まれた発見的手法（heuristics; ヒューリスティックス）の多くが1960年代に提案されていた．これらは数理最適化手法が計算時間や計算空間の制約から，必ずしも容易に解くことができない特定の問題について最適解を得る実践的な方法として有効であることが広く認められてきた．メタヒューリスティックスは，これらの手法を一般化した問題解決の枠組みでもある．つまり，メタヒューリスティックスは，特定のアルゴリズムを意味するのではなくさまざまなアルゴリズムの総称である．

メタヒューリスティックスの基本的な枠組みは，大きく捉えると以下の操作の反復で構成されているといえる．

1. それまでに探索した結果・履歴を利用して新たな解を生成する
2. 生成した解を評価して，その情報を解の探索にフィードバックする

この枠組みにおいて，効率的な探索が可能となるように具体的な手順を構成するためには，**集中化**と**多様化**の 2 つの概念を理解しておくことが重要である．

- **集中化**: 基本的によい解の近くの解の中によい解がみつかる可能性が高いと期待され，よい解に似た解を集中的に探索すること
- **多様化**: 似た解を集中的に探索しすぎると同じような解を探索してしまったり無駄が多くなる恐れもあるため，時折これまで探索してきた解とは異なる多様な解を探索すること

集中化は局所的探索を行うことに対応し，多様化は大域的探索を実行することに繋がっている．集中化と多様化をいかにバランスよく実現するかが探索性能の向上の鍵である．メタヒューリスティックスの各手法で，それぞれに特色のある方法で集中化と多様化が実現されている．

注 4.1) 最適化問題 (1.1) において，実行可能解 $\boldsymbol{x} \in S$ に少し変形を行うことで得られる解集合 $N(\boldsymbol{x}) \subset S$ を $\boldsymbol{x}$ の近傍（**neighborhood**）という．適当な $\boldsymbol{x} \in S$ からはじめて $\boldsymbol{x}$ の近傍 $N(\boldsymbol{x})$ 内に $\boldsymbol{x}$ よりよい解 $\boldsymbol{x}'$（すなわち $f(\boldsymbol{x}') < f(\boldsymbol{x})$）があれば $\boldsymbol{x} := \boldsymbol{x}'$ と動く操作を $N(\boldsymbol{x})$ 内によりよい解がなくなるまで反復するのが局所探索（**local search**）である．局所探索法は，近傍 $N(\boldsymbol{x})$ に関する局所的最適解を求める方法である．

メタヒューリスティックスには，たくさんのアルゴリズムがある．その中で代表的なものとしては以下がある．

- 多スタート局所探索法（**multi-start local search: MLS**）
- 遺伝アルゴリズム（**genetic algorithm: GA**）
- 粒子群最適化法（**particle swarm optimization: PSO**）
- アニーリング法（**simulated annealing: SA**）
- タブー探索法（**tabu search: TS**）

ここに挙げたアルゴリズムをごく簡単に紹介しよう．その後で，これらのうち連続変数の最適化問題においてしばしば利用される，GA と PSO について具体的に紹介する．ほかのアルゴリズムについての詳細は文献 [3,8] な

どを参照されたい．

多スタート局所探索法（MLS）　最も簡単で古くから広く用いられてきたのがこの方法である．適当な方法で生成した初期解からの局所探索法を繰り返し行うことによって改善された局所的最適解を求めるものである．初期解をランダムに選ぶ場合を特にランダム多スタート局所探索法という．それまでの探索で得られた局所的最適解の情報を利用して，その後の探索の初期解生成に活用したり計算の効率化に使う改良も提案されている (適応的多スタート局所探索法).

アニーリング法（SA）　物理現象の焼きなましにヒントを得たもので，鉄が液体状態から温度が下がり固体状態へ固まっていくときに，分子レベルでの振動が次第に小さくなりエネルギー最小状態になることにならって探索する．改悪の方向への移行をある確率で受け入れるようにする．その確率は「温度」と呼ばれるパラメータを含む関数で定義される．温度パラメータは最初は大きな値に設定し，その後次第に小さくすることによって，探索の初期段階で広い領域を探索し，後では探索が最適解に落ち着くことを狙っている．

タブー探索法（TS）　人間の記憶過程を模したもので，前に探索した同じ解を巡回しないように記憶を頼りに新しい解を探索していく．その際，近傍内で最もよい解に移動するが，同じ解に戻らないように記憶された禁止リスト（**tabu list**）を利用する．禁止リストになければ改悪も許されることがポイントである．また，禁止リストにより，よい解へ行くことが妨げられることもあるため，通常禁止リストの保有期限をつける．

遺伝アルゴリズム（GA）　生物の進化のメカニズムを最適化に適用したもので，問題を遺伝子として表現し，複数の遺伝子を用いて交叉・突然変異などの遺伝子操作と淘汰による世代交代によって解を探索する．GA については，4.2 節で紹介する．

粒子群最適化法（PSO）　鳥や魚の群れがうまく集団で行動する様子を模倣したもので，多数の個体によって集団を形成し，集団に含まれる個体同士の情報交換によって探索を進める．PSO については，4.3 節で紹介する．

注 4.2) 特に，進化論・遺伝学・遺伝子工学の知識を導入し生物の進化をコンピュータ上で模倣したものについては進化的アルゴリズム（evolutionary algorithm）あるいは進化的計算（evolutionary computation）と呼ぶことも多い．

4.2 遺伝アルゴリズム（GA）

GA は，自然界の生物の進化過程を模倣した最適化のアルゴリズムである．生物の進化の過程で生物の染色体の「交叉」や「突然変異」によって新しい世代が形成され，弱いものが「淘汰」されて強いものが生き残っていくメカニズムがあることはよく知られている．GA では，この生物進化のメカニズムを最適化に導入して，候補解を記号列として表現したものを遺伝子と呼び，複数の解を同時に保持して「集団」として改善していくことを特徴とする．

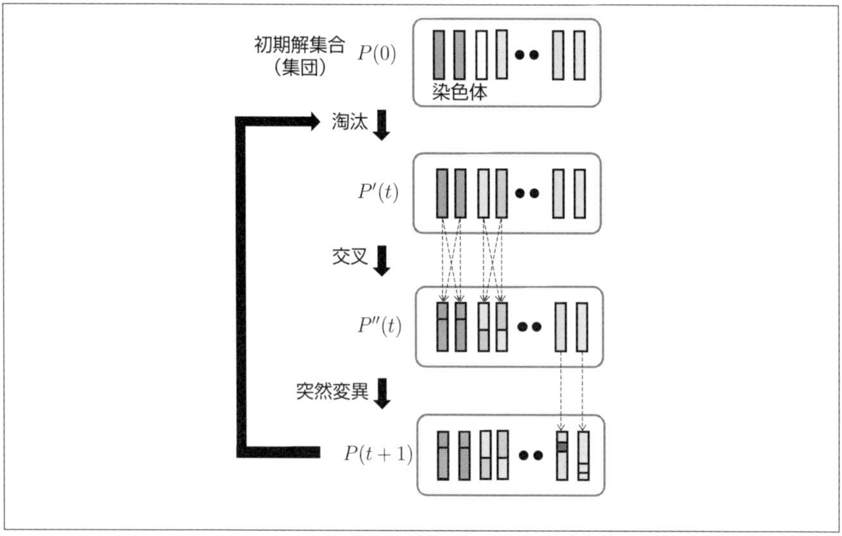

図 4.2　GA の探索過程

まず，最適化問題の決定変数 $\boldsymbol{x}$ を，N 個の記号列 c_j $(j = 1, \ldots, N)$ として

$$\boldsymbol{x} : \boldsymbol{c} = c_1 c_2 \cdots c_j \cdots c_N \tag{4.1}$$

と表し，この記号列を N 個の遺伝子座からなる染色体とする．ここで，遺伝子座とは染色体上で 1 つの遺伝子が占める位置のことであり，c_j は第 j 遺伝子座における遺伝子である．記号列 $\boldsymbol{c} = c_1 c_2 \cdots c_j \cdots c_N$ を遺伝子型とい

い，$\boldsymbol{x}$ を表現型ということにする．c_j のとりうる値の集合を対立遺伝子という．一般的な GA では対立遺伝子は 0,1 の 2 値からなる．連続変数を扱う実数値型 GA の場合には，染色体に実数値を入れる必要があるがそのための方法（エンコード）については後述する（p.89）．

以下，GA のアルゴリズムを説明する（図 4.2 参照）．式 (4.1) のように与えられる M 個の個体からなる集合 P を考える．これを集団（**population**）という．最初の集団 $P(0)$ が生成されたら，環境に適応しているかどうかの評価があって，その後の親個体となる．その評価は，最適化問題での目的関数 f がよい解ほど，それに対応する評価値が高くなるような関数を設定しておく．そのような関数を適応度関数 g という．世代 t における集団を $P(t)$ とする．$P(t)$ が遺伝子の複製や変異を経由して次世代の集団 $P(t+1)$ に変わる．世代の更新が繰り返され，更新ごとに適応度に基づいてよりよい個体すなわちより最適解に近い $\boldsymbol{x}$ が選択されて，増殖していって最適解が得られるというのが GA である．

GA では，世代が変わり進化する部分を，以下の操作を用いて構成する．

- 淘汰（**selection**）： 探索中にみつかったよい解から集団に保持する解を選択する操作のこと
- 交叉（**crossover**）： 2 つあるいはそれ以上の解を組み合わせることで新たな解を生成する操作のこと
- 突然変異（**mutation**）： 1 つの解に少しの変形を加えることで新たな解を生成する操作のこと

GA の手順は以下のようにまとめられる．

遺伝アルゴリズムの基本枠組み

1. [初期解設定] 初期解集合 (集団) $P(0)$ を生成する．世代 $t := 0$ とする．反復回数 (最終の世代) T を決める．
2. [淘汰] 集合 $P(t)$ 内の個体についての適応度 g をもとに，淘汰操作を適用し $P'(t)$ を生成する．
3. [交叉] $P'(t)$ に交叉操作を適用し $P''(t)$ を生成する．
4. [突然変異] $P''(t)$ に突然変異操作を適用し次世代の集団 $P(t+1)$ を生成する．
5. [反復] $t \leq T$ ならば $t := t+1$ として 1. へ．そうでなければ暫定解（探索中に得られた最良の実行可能解）を出力して終了．

この枠組みにおいて，淘汰，交叉，突然変異の操作をどうするかによりさまざまな種類のアルゴリズムのバリエーションが考えられる．以下では，それぞれの基本操作についてどのようなものがあるのか代表的なものに絞って簡単に説明する．その他さまざまな方法については，詳しい文献 [5,8,17] を参照されたい．

淘汰 できるだけよい解が集団 P の中に残るように解を選択する方法を決めるのが淘汰である．淘汰操作についてはいろいろ提案されている．集団 $P(t)$ に含まれる各個体の適応度の総和を G とすると，選択後の集団 $P'(t)$ に個体 i が確率 g_i/G で含まれるように $P'(t)$ を決める方法をルーレット選択（**roulette wheel selection**）という（g_i は個体 i の適応度）．その他，集団から適当な数の個体をランダムに選び出し，その中で適応度の高い個体を選び出す操作を M 回繰り返す方法をトーナメント選択（**tournament selection**）という．また，確率的な要素を含む淘汰操作では，適応度の高い解が失われることがある．これを避けるために，適応度の高いものは常に集団中に残す戦略をとるこが多い．これをエリート戦略（**elitism**）という．

交叉 交叉は複数の個体を用いて行われ，各親がもっている対立遺伝子をある確率でほかの親と交換する．その確率を交叉率（**crossover rate**）という．交叉についても，問題に応じた工夫が必要となるためこれまでにいろいろな操作が提案されている．ここではしばしば用いられる方法を紹介する．

探索解が $\boldsymbol{s} = s_1 s_2 \cdots s_N \in \{0,1\}^N$ のとき，交叉のもとの親を $\boldsymbol{s}^{P_1}$ と $\boldsymbol{s}^{P_2}$，

子を $\boldsymbol{s}^C$ とする．ここで，マスク $\boldsymbol{z} = z_1 z_2 \cdots z_N \in \{0,1\}^N$ をランダムに生成し，各 j に対して $z_j = 0$ ならば $s_j^C := s_j^{P_1}$，$z_j = 1$ ならば $s_j^C := s_j^{P_2}$ とする．このときマスク $\boldsymbol{z}$ をたかだか k カ所 $(k < N)$ 0 と 1 が入れ替わるものに限定した場合，k 点交叉（**k-point crossover**）という．そのような制限を設けず，$\boldsymbol{z} \in \{0,1\}^N$ が一様にランダムに生成される場合は一様交叉（**uniform crossover**）という．交叉のもとの親の選び方にもいろいろな方法が可能である．

突然変異　生物においては，親個体から子に染色体がコピーされる際にコピーミスがときどき起こる．これが突然変異で，その生起する確率を突然変異率（**mutation rate**）という．GA の突然変異では，突然変異率に応じて遺伝子を変化させる．集団が収束してくると，親個体の染色体が同じになってくるため交叉操作が効かなくなる．突然変異はこれを解消する役割をもつ．

注 4.3)　ここで紹介した GA のアルゴリズムは最も基本的なものである．実際には上記の手続きの中に局所探索法を内部に組み込むことが多い．たとえば，突然変異のあとに得られた解を初期解として局所改善する．局所探索を組み合わせる場合，特に，遺伝局所探索法（**genetic local search**）と呼ぶ．また，メメティック・アルゴリズム（**memetic algorithm**）と呼ぶこともある．

❖ 適用手順

GA の基本構成はシンプルであるが各操作をどうするかで多くのバリエーションをもち柔軟性が高い分，実際に適用し十分な性能を発揮させるにはいろいろな操作やパラメータをうまく決定する必要がある．

最適化問題に GA を適用するには，以下の作業が必要になる．

- 問題の解を遺伝子として表現する方法（コーディング）を決める
- 適応度関数 g を決める
- 淘汰・交叉・突然変異の操作方法と関連するパタメータを決める

これらも実際には，問題ごとに対応する方が効率的なことが多いが，ここでは，各手順の一般的な考え方を紹介するにとどめる．詳細は他書 [5,17] を参照されたい．コーディングについては，連続変数を扱う実数値型GA のところ（次ページ）で紹介する．

GA では，適応度関数 g の値が高い個体を残すように探索を進める．最小化問題を考えている場合には目的関数 $f(\boldsymbol{x})$ が小さくなれば適応度関数

$g(\boldsymbol{x})$ は大きくならなくてはいけない．したがって最小化問題のときには，たとえば $-f(\boldsymbol{x})$ の最大化問題に変換し，適応度 $g(\boldsymbol{x})$ を $-f(\boldsymbol{x})$ とする．次に，淘汰の際に適応度に応じた確率によって子の選択を行うため適応度関数は非負でないといけない．そのために適当な定数 f_0 を選び $g(\boldsymbol{x}) = -f(\boldsymbol{x}) + f_0$ のようにして値域を調整する．さらに，個体間の適応度の差があまりないと適応度の高い個体も選択されないことが起こるので，適応度の分布を調整するためにスケーリングを行うこともある．

最後に GA のパラメータをみてみよう．GA では，集団の個体数 M，繰り返しの世代数 T，交叉率 p_c，突然変異率 p_m の 4 つのパラメータがある．これらのパラメータの適切な値は，問題や遺伝子の操作をどうするかによって変わる．このため，試行錯誤的に決定せざるを得ないものではあるが，どう考えればよいか紹介する．1 回の適応度の評価時間を e とすると，GA の計算時間は大まかに MTe となる．許容できる計算時間のもとで，GA の収束の状況をみながら，個体数 M と 世代数 T を調整することになる．交叉操作が GA における主たる探索を担うため，交叉率 p_c はかなり大きい値を設定することが通常である．突然変異率 p_m は，あまり大きくするとよい遺伝子を壊してしまう可能性が大きくなるため，比較的小さい値をとることが多い．

GA の有効性についての理論的な解析について興味がある読者は，文献 [5] を参照されたい．

❖ 実数値型 GA

GA では，最初に決定変数 $\boldsymbol{x}$ を適当な記号列 (4.1) に表現すること（コーディング）が必要である．離散最適化問題では，表現の仕方を問題ごとに工夫して設定する．たとえば，染色体での表現と記号列表現が 1 対 1 になるようにコーディングできれば探索空間は最も小さくなり探索効率はよい．以下，実数値ベクトル $\boldsymbol{x} \in \mathbb{R}^n$ を決定変数とする連続変数の最適化問題の場合のコーディングについて紹介する．

初期の GA では，実数値を遺伝子に格納するために，決定変数 $\boldsymbol{x}$ を適当な精度で量子化し，これを 2 進数表現することによって 2 値の個体表現を得て，これに対して交叉や突然変異を適用していた．このような手法をバイナリーコーディング（**binary coding**）という．バイナリーコーディングでは，表現型 $\boldsymbol{x}$ で隣接する値が遺伝子型ではまったく異なるという不連続性の問題が起こるため，その点を克服したグレーコーディング（**gray coding**）も提案されている．

しかし，これら手法では十分な精度の解を表現することが難しく，目的関数 $f(\boldsymbol{x})$ の連続性など最適化問題に本来ある構造が 2 値表現により失われ効率的な探索が行えないという問題がある．そこで，解表現に浮動小数点数を用いて探索領域の連続性を活かした操作を交叉や突然変異に導入する手法が考えられている．そのような GA を **実数値 GA**（**real-coded GA**）という．基本的なフローは GA と同じであるが，実数値を遺伝子として使うため通常の交叉は使えない．そこで，実数値 GA 用の交叉がいろいろ提案されている．たとえば，交叉においては解のある線形結合を用い，突然変異には正規乱数などを用いる．上記，実数値に関連するコーディングの詳細については，[17] が詳しい．

4.3 粒子群最適化法（PSO）

PSO は，鳥や魚などの群れのような集団での探索行動に基づいた手法である．粒子（**particle**）と呼ばれるランダムに配置された探索点が群れ（**swarm**）を構成し，過去の履歴に基づいて動的に調整される速度に従って解空間をよい方向へと動き回るような探索法である．PSO の基本的な考え方は，粒子の固有の情報と群れ全体の共通の情報を合わせてある規則に基づいて行動するというものである．

最適化問題（1.1）に適用することを考えると，実行可能解は，実行可能領域 $S \subseteq \mathbb{R}^n$ を動く各粒子として取り扱う．群れを構成する各粒子は，現在の位置 $\boldsymbol{x}$ とそのときの速度 $\boldsymbol{v}$ の情報を保持し，この情報をもとに探索を行い，位置 $\boldsymbol{x}$ を更新していく．位置 $\boldsymbol{x}$ が実行可能解を表現している．

具体的には，各粒子はそれまでに探索して得られた目的関数の最良の解 $\boldsymbol{p}^{\mathrm{best}}$ とその評価値 $f(\boldsymbol{p}^{\mathrm{best}})$ を記憶する．また，粒子間で情報交換を行い群れ全体における最良解 $\boldsymbol{g}^{\mathrm{best}}$ とその評価値 $f(\boldsymbol{g}^{\mathrm{best}})$ を共有して記憶する．明らかに $\boldsymbol{g}^{\mathrm{best}}$ は $\boldsymbol{p}^{\mathrm{best}}$ の中の最良解となる．このとき，各粒子の速度の修正と，各粒子の位置の更新は以下に従って行われる．

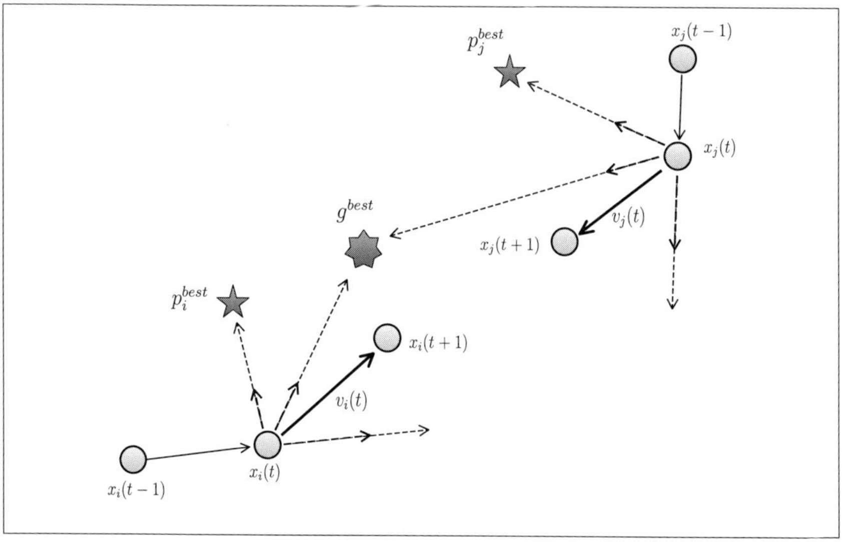

図 4.3　粒子の移動

PSO の速度と位置の更新則

$$v_{i,j}(t+1) = w \cdot v_{i,j}(t) + C_1 \cdot \mathrm{rand1}_{i,j} \cdot (p_{i,j}^{\mathrm{best}} - x_{i,j}(t)) + C_2 \cdot \mathrm{rand2}_{i,j} \cdot (g_j^{\mathrm{best}} - x_{i,j}(t)) \tag{4.2}$$

$$x_{i,j}(t+1) = x_{i,j}(t) + v_{i,j}(t) \tag{4.3}$$

ここで，i は粒子の番号，j は次元の番号，t は探索の更新回数，$\mathrm{rand1}_{i,j}$, $\mathrm{rand2}_{i,j}$ は 0〜1 の一様乱数，w, C_1, C_2 は定数である．この式の意味するところは，各粒子は現在の速度を考慮して，$\boldsymbol{p}^{\mathrm{best}}$, $\boldsymbol{g}^{\mathrm{best}}$ に確率的に近づくような方向に修正されているということである．式 (4.2) の第 1 項目は「慣性」，第 2 項は「自己認識」，第 3 項は「社会認識」と呼ばれることもある．PSO の探索の概念図を 図 4.3 に示す．図中の○が粒子で，各矢印は式 (4.2)(4.3) に現れる各ベクトルに対応している．

PSOの手順をまとめておく．最小化問題を考えているとする．

粒子群最適化の基本枠組み

1. [群れ初期化] 各粒子の位置 $\boldsymbol{x}_i$ と速度 $\boldsymbol{v}_i$ を乱数で初期化する．
2. [評価] 各粒子に対して目的関数値 $f(\boldsymbol{x}_i)$ を評価する．
3. [$\boldsymbol{p}^{\mathrm{best}}$] $f(\boldsymbol{x}_i) < f(\boldsymbol{p}_i^{\mathrm{best}})$ ならば
   $f(\boldsymbol{p}_i^{\mathrm{best}}) := f(\boldsymbol{x}_i)$ さらに，$\boldsymbol{p}_i^{\mathrm{best}} := \boldsymbol{x}_i$ とする．
4. [$\boldsymbol{g}^{\mathrm{best}}$] $f(\boldsymbol{x}_i) < f(\boldsymbol{g}^{\mathrm{best}})$ ならば
   $f(\boldsymbol{g}^{\mathrm{best}}) := f(\boldsymbol{x}_i)$ さらに，$\boldsymbol{g}^{\mathrm{best}} := \boldsymbol{x}_i$ とする．
5. [速度・位置更新] 式 (4.2), (4.3) で速度，位置を更新する．
6. [終了判定] 終了条件を満たすまで 2. に戻る．

PSOも，いくつかのパラメータを決定する必要があり，パラメータの選び方がGAと同様に探索の効率化に大きく影響する．多様化と集中化のバランスをうまくとるように設定するための考え方を簡単に説明する．慣性係数 w は，速度に対する重みであるため w が大きくなると慣性が大きくなり多様化の傾向が強くなる．慣性係数 w は，探索が進行するにしたがって単調減少させていくことが多い．w を変化させていくことで，群れの動きの特性を多様化から集中化へ変化させることを狙っている．C_1, C_2 はこれまでの最良解に対する重みであり，大きすぎると $\boldsymbol{g}^{\mathrm{best}}$ を越えてしまうが，これらの値を適切に調整すると集中化の傾向を強くできる．

このPSOアルゴリズムは最も基本的なもので，これまでさまざまな改良が考えられている．たとえば，$\boldsymbol{g}^{\mathrm{best}}$ はすべての粒子間で情報を交換して最良解を得ているが，$\boldsymbol{g}^{\mathrm{best}}$ のかわりに近傍の粒子との情報交換で得られる局所的な最良解を用いることなどである．

PSOの改良やPSOの有効性の理論的解析などについては，文献 [7] を参照されたい．文献 [7] にはいろいろな適用事例もある．

GAやPSOでは，目的関数に関する微分の情報などが不要であるため，さまざまな問題への適用が容易であることも1つの特長である．また，PSOはGAに比べるとコーディングの手続きも必要とせず，アルゴリズムに必要な計算自体も非常に簡単なため最近では多くの応用分野で用いられている．

本章でとりあげたのはメタヒューリスティックスのアルゴリズムの基本的なものの一部であり，ほかにも多くのアルゴリズムがある．その他さまざまなメタヒューリスティックスのアルゴリズムについては文献 [3,7,8] などを参照されたい．

第5章
数式処理による最適化

本章では，非線形・非凸計画問題を正確に解くことができる最適化手法である数式処理計算に基づく最適化の手法を学ぶ．

数式処理による最適化

目的関数: $f(\boldsymbol{x}) \rightarrow$ 最小
制約条件: $g_1(\boldsymbol{x})\,\rho_1\,0$
$\vdots$
$g_k(\boldsymbol{x})\,\rho_k\,0$

$(\rho_i = \{=, \neq, >, <, \geq, \leq\})$

$\Rightarrow k = f(\boldsymbol{x})$

$\Rightarrow \varphi(\boldsymbol{x}) \equiv \bigwedge_i (g_i(\boldsymbol{x})\rho_i 0)$

$\exists \boldsymbol{x}(k = f(\boldsymbol{x}) \land \varphi(\boldsymbol{x})) \iff_{\text{QE}} \psi_1(k)$ — k の実行可能領域

$\exists \boldsymbol{x}(k = f(\boldsymbol{x}, \boldsymbol{u}) \land \varphi(\boldsymbol{x}, \boldsymbol{u})) \iff_{\text{QE}} \psi_2(k, \boldsymbol{u})$ — $\boldsymbol{u} - k$ の実行可能領域

※記法： $\exists \boldsymbol{x} = \exists x_1 \cdots \exists x_n$

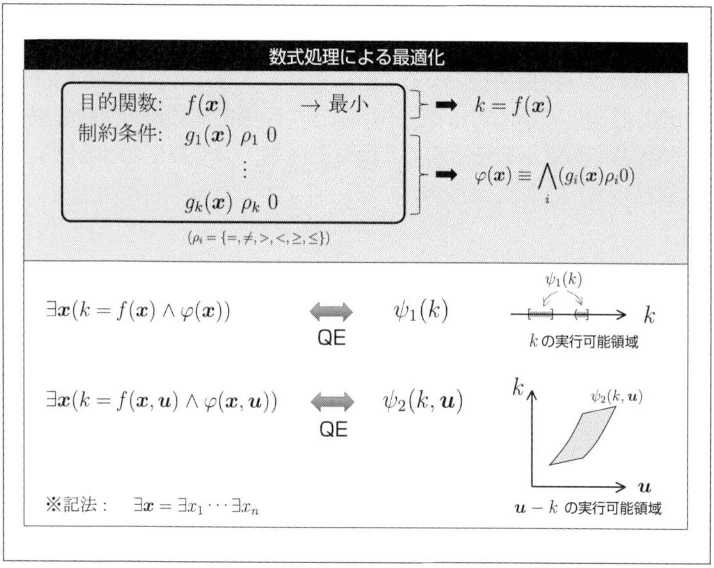

図 5.1 数式処理による最適化アルゴリズム

数式処理による最適化は，記号・代数計算（symbolic and algebraic computation）に基づいた最適化のアルゴリズムで，いわゆる数式処理（computer algebra; 計算機代数ともいう）のアルゴリズムを用いる最適化の手法である．

通常の最適化手法は浮動小数点計算による数値計算に基づいてい

る（これをここでは数値最適化（numerical optimization）と呼ぶことにする）が，数式処理による最適化では，記号・代数計算を用いており，数についても整数演算を基本としているため，計算誤差もなく正確な計算値が得られる．また，本章で紹介する限量記号消去（quantifier elimination: QE）という方法を用いると非線形・非凸最適化問題に対しても大域的最適解を正確に求めることができる．さらに，代数的な計算のためパラメータをパラメータのまま（記号的に）陽に扱うことができることも特筆すべき点で，最適化においてはパラメータを含んだ最適化問題いわゆるパラメトリック最適化（parametric optimization）に対して有効なアルゴリズムを提供する．ただし，代数的計算に基づいているため，QE による最適化では，最適化問題 (1.4) の目的関数および制約関数が多項式で与えられていることが必要である．

このような特長をもつ一方で計算量が膨大なため，現実的には小規模の最適化問題に対して正確に解きたい場合や最適値関数を求めたい場合に有効な方法である．最近ではものづくりにおける最適設計などへ適用されている [4].

5.1 限量記号消去（QE）

数式処理による最適化において中心的な役割を果たすアルゴリズムを紹介しよう．それは，限量記号消去（**QE**）といい，代数的不等式（代数的等式も含む）からなる制約式を解く代数計算に基づいたアルゴリズムである．ここで，代数的不等式・代数的等式とは，それぞれ多項式からなる不等式・等式のことである．

通常，最適化問題では式(1.4)のように目的関数と制約条件によって定式化され，制約条件のもとで目的関数を最適にするということを表している．一般に制約問題を考えると，最適化(1.4)のような問題だけでなく，いろいろな状況の中で制約を満たす解を求めたいことも多い．そういった場合に，不等式制約や等式制約による制約問題の表現として，不等式・等式制約に論理記号を組み合わせ，さらに限量記号（**quantifier**）を用いることで論理式として表現できることが多い．論理記号には，論理積（$\wedge$）・論理和（$\vee$）・否定（$\neg$）・含意（$\rightarrow$）などがある．また，限量記号とは，全称記号（$\forall$）と存在記号（$\exists$）のことである．

たとえば，以下のような制約の例を考えてみよう．

1. $f_1(x,y)=0$ および $f_2(x,y)>0$ を同時に満足する y が存在する
2. すべての x (ただし，$x>1$) に対して，$f_3(x,y)>0$ が成立する
3. すべての x に対して $f_4(x,y)>0$ が成り立つような y が存在する

これらは，それぞれ論理式として

1. $\exists y(f_1(x,y)=0 \wedge f_2(x,y)>0)$ (5.1)
2. $\forall x(x>1 \rightarrow f_3(x,y)>0)$ (5.2)
3. $\exists y \forall x(f_4(x,y)>0)$ (5.3)

と表現できる．式(5.1)において y は限量記号 $\exists$ がかかった変数（**束縛変数**という）で，x は限量記号のかからない変数（**自由変数**という）である．この例のような制約式を一階述語論理式（**first-order formula**）という．限量記号つきの制約（一階述語論理式）を解く，つまり限量記号を消去するための

計算理論が QE である．限量記号を消去するということは，その不等式制約においてもとの問題と同値な「限量記号がない論理式」を計算することである．得られた限量記号がない論理式は，もとの論理式が真であるための自由変数についての実行可能領域を表す．このような消去を計算機上で実現するのが QE である．たとえば，上の例の論理式 (5.1) に QE を適用すると，限量記号のついた変数 y が消去され，限量記号を含まない自由変数 x についての論理式が得られ，その論理式は x の実行可能領域を表しているということである．また，式 (5.3) のように論理式に現れるすべての変数に限量記号がついている場合，等価な限量記号がない論理式とはもとの論理式の真偽値すなわち真（true）/偽（false）である．この場合を特に決定問題（**decision problem**）という．

例 **5.1** 次の簡単な例で考えてみよう．

$$\exists x(x^2 + bx + c < 0) \tag{5.4}$$

この不等式を満たすような x の値が存在するための必要十分条件は，2 次関数 $x^2 + bx + c$ のグラフを考えれば，その判別式が正という条件になる．つまり，限量記号を含まない同値な式は

$$b^2 - 4c > 0 \tag{5.5}$$

となることがわかる．すなわち，

$$\exists x(x^2 + bx + c < 0) \ \Leftrightarrow \ b^2 - 4c > 0$$

である．式 (5.5) は，論理式 (5.4) が真となるための自由変数 b, c についての必要十分条件を示している．つまり，b, c の実行可能領域を表している．

例 **5.2** 次の例ではすべての変数が束縛変数になっている．

$$\exists y \forall x(x^2 + 2x + y > 0) \tag{5.6}$$

これは「すべての x に対して，$x^2+2x+y>0$ が成立するような y が存在する」という意味である．これも 2 次関数 x^2+2x+y のグラフを考えると，すべての x に対して $x^2+2x+y>0$ が成立するような y の条件は $y>1$ となる．すなわち，

$$\forall x(x^2+2x+y>0) \Leftrightarrow \ y>1$$

となり，所望の y が存在するので，式 (5.6) と等価な式は 真（true）となる．

$$\exists y \forall x(x^2+2x+y>0) \ \Leftrightarrow \ \text{true}.$$

QE の計算機上での実現に中心的な役割を果たすのがコリンズ（G. E. Collins）により 1975 年に発表された円柱状代数的分割（**cylindrical algebraic decomposition: CAD**）と呼ばれる方法である．不等式制約（等式制約も含む）に対して，制約条件を満たす変数の値のとりうる範囲（つまり集合）を半代数的集合（**semialgebraic set**）と呼ぶ．通常，半代数的集合は不等式や等式を論理記号で結合した形で表現される．不等式制約を解くとは，対応する半代数的集合の計算機上での表現を求めることになる．ここに使われるのが CAD であり，CAD を利用することで QE のアルゴリズムが実現されている．CAD や QE のアルゴリズムの中身については，本書の範疇を超える内容なので割愛する．QE のアルゴリズムの詳細ついては，文献 [4] を参照されたい．ここでは，QE によりどういう制約問題・最適化問題が扱えて，どのように解けるのかを主眼に理解していただきたい．

注 5.1) QE による最適化では，最適化問題 (1.4) の目的関数および制約関数が多項式（あるいは有理多項式）であることが必要であり，超越関数が含まれている場合には一般には扱えない．しかし，問題によっては対処方法がある．たとえば，目的関数や制約関数に $\sin\theta, \cos\theta$ が含まれている場合には，$\sin\theta, \cos\theta$ それぞれを，別の変数 s, t に置き換え，さらに $s^2+t^2=1$ という制約を加えることで代数的な制約に帰着させれば QE を適用することが可能となる．

5.2 QE による最適化

不等式制約に対して QE を用いることで，所望の変数（またはパラメータ）

についての実行可能領域を半代数的集合として正確に求めることができる．よって，QE は不等式制約問題や最適化問題を解く代数的な算法といえ，このような代数的算法に基づく最適化は記号的最適化（**symbolic optimization**）とも呼ばれている．

QE を用いた最適化には以下のような特徴がある．

1. 制約問題に対して，所望の変数（またはパラメータ）の実行可能解を変数（またはパラメータ）空間内の領域として正確に求めることができる．
2. 最適化問題において最適値をパラメータの多項式，有理関数もしくは代数関数として求めることができる．
3. 非線形・非凸な制約・最適化問題の大域的最適解も正確に求めることができる．
4. 実行可能でない場合を正確に判定できる．

注 5.2）$A_0(z), A_1(z), \ldots, A_n(z)$ を z の多項式とするとき，w についての方程式 $A_0(z)w^n + A_1(z)w^{n-1} + \cdots + A_{n-1}(z)w + A_n(z) = 0$ の解として定まる z の関数 w のことを代数関数と呼ぶ．

QE による最適化では，QE が論理式とした与えられた制約を扱うことが可能なため，通常の数理最適化が対象とする問題の形には収まらないような問題も扱うことができる．QE が対象としている一階述語論理式は，数学のほぼ全領域を形式化するのに十分な表現力をもっているともいわれる．いろいろな条件を数学の命題として書けるのであれば，一階述語論理の論理式によって記述することができるのである．つまり，QE によって解ける問題というのは通常の最適化問題の枠を超えて，非常に広範囲に及ぶ．しかしながら，計算量が大きいため，数値最適化で扱うような規模の問題を解くことは現実的には不可能である．小規模な問題ではあるが正確に解析的に解きたいときに適した最適化手法といえる．

以下，QE を用いた最適化の手法について説明する．

❖ 制約解消

制約解消（constraint solving）問題は，連立（代数的）不等式

$$
\begin{aligned}
g_1(x_1,\ldots,x_n)\ \rho_1\ 0,\\
\vdots\\
g_\ell(x_1,\ldots,x_n)\ \rho_\ell\ 0
\end{aligned}
\tag{5.7}
$$

について，実行可能 (feasible) であるか判定をし，実行可能な場合には実行可能解を (少なくとも 1 つ) 求めることである．ρ_i は $=,\neq,<,>,\leq,\geq$ のいずれかを表す．この問題は，一階述語論理式

$$
\exists x_1\cdots\exists x_n(\varphi(x_1,\ldots,x_n)) \tag{5.8}
$$

に対して，QE を適用することで解くことができる．ここで，$\varphi(x_1,\ldots,x_n)$ は制約条件 (5.7) のすべての式の論理積をとったものである:

$$
\varphi(x_1,\ldots,x_n)=\bigwedge_{i=1}^{\ell}(g_i(x_1,\ldots,x_n)\rho_i 0).
$$

式 (5.8) に QE を適用することで，実行可能かどうか正確に判定できる (決定問題)．この際に実行可能であれば，解 (の 1 つ) が QE のベースとなる CAD の計算で得られる．また，式 (5.7) において，g_i の係数にパラメータが含まれる場合を考える．たとえば，2 つのパラメータ a,b が係数に含まれるとすると論理式 (5.8) は以下のように書ける．

$$
\exists x_1\cdots\exists x_n(\varphi(x_1,\ldots,x_n,a,b)) \tag{5.9}
$$

これに QE を適用することで，パラメータ a,b の実行可能領域を半代数的集合として求めることができる．

例 5.3 連立不等式

$$
\{x^2+y^2\leq a,\ x^2+2x>b\} \tag{5.10}
$$

を考える．式 (5.10) が x,y について実行可能である必要十分条件は，一階述語論理式

$$
\exists x\exists y(x^2+y^2\leq a\wedge x^2+2x>b)
$$

に，QE を適用して

$$(a-b>0 \wedge a \geq 0) \vee (-4a+a^2-2ab+b^2<0) \tag{5.11}$$

と求まる．式 (5.11) によって与えられる a, b の実行可能領域を図 5.2 に示す．ここで，たとえば $a=2, b=3$ の場合を考えると

$$\exists x \exists y (x^2+y^2 \leq 2 \wedge x^2+2x>3)$$

となり，QE を適用すると真 (true) と求まる．たとえば $x=\sqrt{2}, y=0$ のとき真である．$a=2, b=3$ は論理式 (5.11) を満足しており，図 5.2 をみても確認できる．

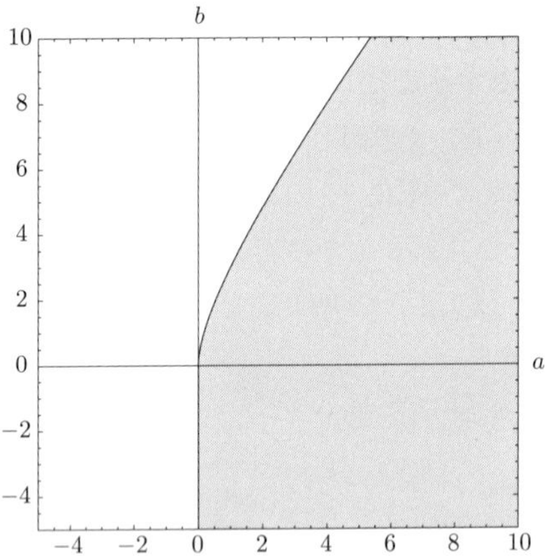

図 5.2　式 (5.11) が表す a, b の実行可能領域

例 5.4 次の w, z をパラメータとする x, y についての連立不等式制約を考える．

$$\{x+y^2-z=0, x+y-w=0, 8-x+y \geq 0, 3 \leq x \leq 6, 2 \leq y \leq 5\} \tag{5.12}$$

パラメータ w, z の実行可能領域を求めるには，以下の一階述語論理式に QE を適用する．

$$\exists x \exists y(x + y^2 - z = 0 \wedge x + y - w = 0 \wedge \\ 8 - x + y \geq 0 \wedge 3 \leq x \leq 6 \wedge 2 \leq y \leq 5)$$

その結果，次の等価な論理式を得る．

$$\begin{aligned}&(w = 5 \wedge z = 7) \vee \\ &(5 < w \leq 8 \wedge 2 + w \leq z \leq 12 - 6w + w^2) \vee \\ &(8 < w < 11 \wedge 42 - 12w + w^2 \leq z \leq 20 + w) \vee \\ &(w = 11 \wedge z = 31)\end{aligned} \tag{5.13}$$

論理式 (5.13) で与えられる w, z の実行可能領域を図 5.3 に示す．

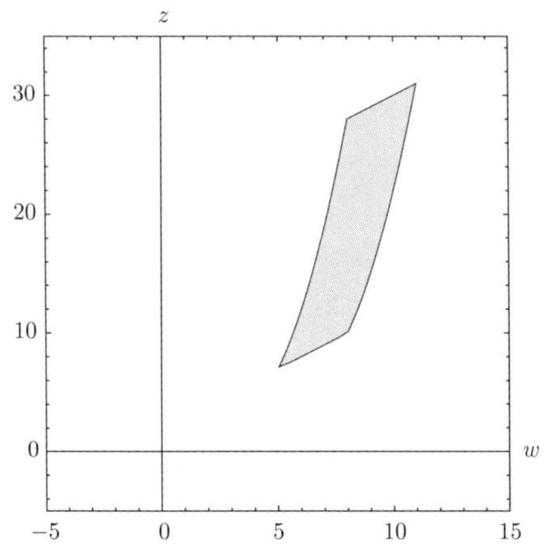

図 5.3　式 (5.13) が表す w, z の実行可能領域

❖ 最適化

最適化問題は，不等式制約 (5.7) のもとで目的関数 $f(x_1, \ldots, x_n)$ を最小化

（または最大化）する問題である．

$$
\begin{array}{lll}
\text{目的関数:} & f(x_1,\ldots,x_n) & \to \text{最小} \\
\text{制約条件:} & g_1(x_1,\ldots,x_n)\ \rho_1\ 0 & \\
 & \vdots & \\
 & g_\ell(x_1,\ldots,x_n)\ \rho_\ell\ 0 &
\end{array}
\tag{5.14}
$$

最適化問題を QE 問題として解くには，新たな変数（ここでは k）を導入して，$k = f(x_1,\ldots,x_n)$ という式と $\varphi(x_1,\ldots,x_n)$ の論理積をとった式を考える．この式により，k の最小値（または最大値）は f の最小値（または最大値）と一致することがわかる．このようにして得られる一階述語論理式

$$\exists x_1 \ldots \exists x_n (k = f(x_1,\ldots,x_n) \wedge \varphi(x_1,\ldots,x_n)) \tag{5.15}$$

に QE を適用すると k の満たす論理式 $\psi_1(k)$ が得られる．この式を満たすような k の値の中での最小値を求めるとそれが目的関数 f の最小値になる．得られた結果が示すのは目的関数のすべての正確な実行可能領域である．よって，大域的最適値が求まることになり，上限値や下限値があるかどうか不明な問題の場合にも有効である．

注 5.3）ここでは，通常の最適化問題を想定した説明になっているため一階述語論理式 (5.15) の $\varphi(x_1,\ldots,x_n)$ は制約条件の論理積とした．しかし，一般に QE による最適化では，制約条件として $\varphi(x_1,\ldots,x_n)$ は任意の論理式でもよい．

例 5.5 3.3.1 項で紹介した線形計画問題の例 (3.65) を考える．この場合，次の一階述語論理式に対して QE を適用する．

$$\exists x_1 \exists x_2 (k = (2x_1 + x_2) \wedge 4x_1 + x_2 \leq 9 \wedge x_1 + 2x_2 \geq 4 \wedge 2x_1 - 3x_2 \geq -6) \tag{5.16}$$

QE を適用すると，k の実行可能領域

$$2 \leq k \leq 6$$

が得られる．これより k，すなわち目的関数 $2x_1 + x_2$ の最大値が 6 で最小値が 2 であることがわかる．目的関数の最小値 2 のときの x_1 と x_2 の値は次

のように求めることができる．まず，x_1 を求めてみよう．式 (5.16) において $k=2$ として x_1 を自由変数にする．すなわち

$$\exists x_2(2=2x_1+x_2 \wedge 4x_1+x_2 \leq 9 \wedge x_1+2x_2 \geq 4 \wedge 2x_1-3x_2 \geq -6)$$

に対して QE を適用すると，$x_1=0$ が得られる．同様に

$$\exists x_1(2=2x_1+x_2 \wedge 4x_1+x_2 \leq 9 \wedge x_1+2x_2 \geq 4 \wedge 2x_1-3x_2 \geq -6)$$

に対して QE を適用すると，$x_2=2$ が得られる．

5.3 パラメトリック最適化

最適化問題 (5.14) の目的関数や制約条件にパラメータが含まれている場合を考える．このようなパラメータを含む最適化問題を**パラメトリック最適化問題**という．もちろんパラメータの値を決めると，数値最適化の手法でそのパラメータ値の場合の最適値が計算できる．パラメータの値ごとに，最適化の計算を繰り返すことが必要であり，このような問題を直接解くことは困難である．QE を用いた最適化では，パラメータを含んだままの形で最適化計算が可能である．すなわち，目的関数の最適値をパラメータの関数として求めることができる．そのようなパラメトリックな最適値を**最適値関数**（**optimal value function**）という．

パラメータが問題に含まれていても，目的関数に割り当てる変数とパラメータに相当する変数には限量記号がついていない形で前項で紹介した最適化の論理式による定式化を同じように行えばよい．パラメータを $\boldsymbol{u}$ とすると以下のようになる．

$$\exists x_1 \ldots \exists x_n(k=f(x_1,\ldots,x_n,\boldsymbol{u}) \wedge \varphi(x_1,\ldots,x_n,\boldsymbol{u})) \tag{5.17}$$

これに，QE を適用すれば，k とパラメータ $\boldsymbol{u}$ についての実行可能領域を示す論理式 $\psi_2(k,\boldsymbol{u})$ が得られる．実行可能領域の最小あるいは最大の境界を表す式が求めるパラメトリックな最適値表現である．

例 **5.6** 次のパラメトリック最適化問題を考える．ここで，u がパラメータである．

$$
\begin{aligned}
\text{目的関数:}\quad & f(x_1,x_2,u)=x_1^2+x_1x_2+x_2^2-4x_1-4x_2+u \quad \to \text{最小}\\
\text{制約条件:}\quad & g_1(x_1,x_2)=x_1^2+x_2^2-2\leq 0\\
& g_2(x_1,x_2)=x_1\geq 0\\
& g_3(x_1,x_2)=x_2\geq 0
\end{aligned}
\tag{5.18}
$$

この問題を解くには，以下の一階述語論理式をつくり QE を適用する．

$$
\exists x_1\exists x_2(k=f(x_1,x_2,u)\wedge x_1^2+x_2^2-2\leq 0\wedge x_1\geq 0\wedge x_2\geq 0) \tag{5.19}
$$

その結果，

$$
u-5\leq k\leq u
$$

を得る．これは，目的関数 $f(x_1,x_2,u)$ の最小値が $u-5$ であることを意味しており，パラメータ u に依存した形で求まっている．

例 **5.7** 次のパラメトリック最適化問題を考える．ここでも u がパラメータである．

$$
\begin{aligned}
\text{目的関数:}\quad & f(x_1,x_2)=-x_1^2-x_1x_2-x_2^2+4x_1+4x_2-6 \quad \to \text{最小}\\
\text{制約条件:}\quad & g_1(x_1,x_2,u)=x_1^2+x_2^2-u\leq 0\\
& g_2(x_1,x_2)=x_1\geq 0\\
& g_3(x_1,x_2)=x_2\geq 0
\end{aligned}
\tag{5.20}
$$

この問題を解くには，以下の一階述語論理式を QE で解く．

$$
\exists x_1\exists x_2(k=f(x_1,x_2)\wedge x_1^2+x_2^2-u\leq 0\wedge x_1\geq 0\wedge x_2\geq 0) \tag{5.21}
$$

その結果，

$$
\begin{aligned}
&(u = 0 \land k = -6) \lor \\
&\left(0 < u \leq \frac{32}{9} \land -6 \leq k \leq 4\sqrt{2u} - \frac{3(4+u)}{2}\right) \lor \\
&\left(\frac{32}{9} < u \leq \frac{128}{9} \land -6 \leq k \leq -\frac{2}{3}\right) \lor \\
&\left(u > \frac{128}{9} \land 4\sqrt{2u} - \frac{3(4+u)}{2} \leq k \leq -\frac{2}{3}\right)
\end{aligned}
\tag{5.22}
$$

を得る．式 (5.22) で与えられる u と k の実行可能領域を図 5.4 に示す．この結果は，4 つの条件が論理和 ($\lor$) で結ばれている．4 つの各部分は，パラメータ u の場合分けの条件とその場合の k の実行可能な範囲を示していることがわかる．最小値については以下にまとめられる．

$$
\begin{aligned}
&-6 && \left(0 \leq u \leq \frac{128}{9}\right) \\
&4\sqrt{2u} - \frac{3(4+u)}{2} && \left(u > \frac{128}{9}\right)
\end{aligned}
$$

最大値も同様に u の場合分けに合わせて最適値関数が求まっている．この結果より，$u < 0$ の場合には，最小値は $+\infty$ であることもわかる．

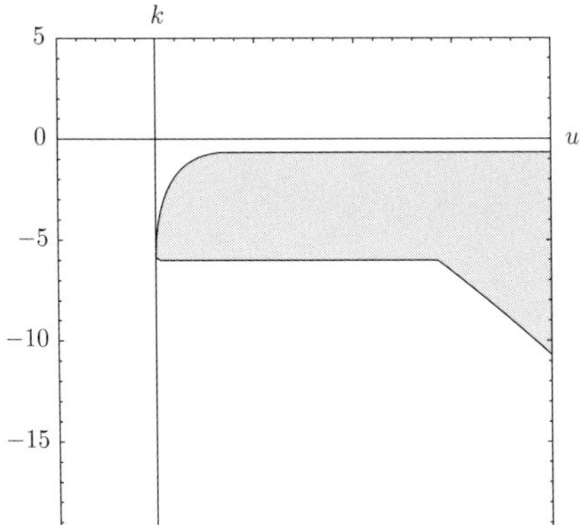

図 5.4　式 (5.22) で与えられる u と k の実行可能領域

第 6 章
多目的最適化

本章では，多目的最適化問題 (1.6) の代表的なアルゴリズムについて学ぼう．

$$\begin{array}{ll} \text{目的関数:} & \boldsymbol{f}(\boldsymbol{x}) = (f_1(\boldsymbol{x}), f_2(\boldsymbol{x}), \ldots, f_k(\boldsymbol{x})) \quad \to \text{最小} \\ \text{制約条件:} & \boldsymbol{x} \in X \end{array}$$

多目的最適化		
単目的化(スカラー化) 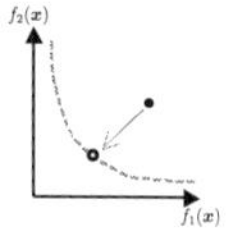 	重みつき線形和	それぞれのスカラー化関数によって単目的化
	チェビシェフスカラー化関数	
	拡大チェビシェフスカラー化関数	
	制約変換法	目的関数１つ以外は制約化
	ゴールプログラミング	不達成度についての重みつき線形和によって単目的化
	満足化トレードオフ法	希求水準を考慮した拡大チェビシェフスカラー化関数による単目的化
進化的多目的最適化 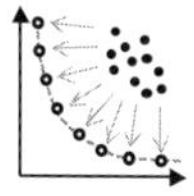	MOGA (multi-objective genetic algorithm)	GA に以下を追加 ・ランキング(解の重要度) ・ニッチカウント(多様性の確保)
	MOPSO (multi-objective particle swarm optimization)	PSO に以下を追加 ・アーカイブ(パレート解の集合) ・ハイパーキューブ(多様性の確保)
QEによる多目的最適化 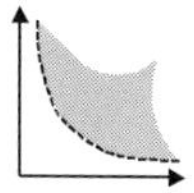	MOQE (multi-objective quantifier elimination)	目的空間の実行可能領域を計算し，パレートフロントを求める．

図 6.1　多目的最適化のアルゴリズム

6.1 多目的最適化の基本概念

多目的最適化問題 (1.6) を以下に再掲する．ただし記法を少し変えている．

$$
\begin{aligned}
&\text{目的関数:}\quad \boldsymbol{f}(\boldsymbol{x}) = (f_1(\boldsymbol{x}), f_2(\boldsymbol{x}), \ldots, f_k(\boldsymbol{x})) \quad \to \text{最小} \\
&\text{制約条件:}\quad \boldsymbol{x} \in X
\end{aligned}
\tag{6.1}
$$

ここで，X は問題 (1.6) の制約条件を満たす実行可能領域を表す．すなわち，

$$
X = \{\boldsymbol{x} \in \mathbb{R}^n | g_i(\boldsymbol{x}) \leq 0, h_j(\boldsymbol{x}) = 0 \ (i = 1, 2, \ldots, \ell, j = 1, 2, \ldots, m)\} \tag{6.2}
$$

である．

多目的最適化では何を解として求めるのであろうか．

多目的最適化では複数の目的関数 $\boldsymbol{f}$ を最小化することを考える．理想的には，すべての目的関数 $f_1, \ldots, f_k$ を同時に最小化できればよいと思われるかもしれない．しかし，それではそもそも多目的最適化として解く必要はなかったということである．なぜならば，1 つの目的関数を最小化すればほかの目的関数も同時に最小になっているということであるから．

したがって，通常多目的最適化で取り扱うべき問題は，ある目的関数を小さくしようとするとほかの目的関数が大きくなってしまうというように，目的関数 $\boldsymbol{f}$ の間にトレードオフの関係がある場合である．

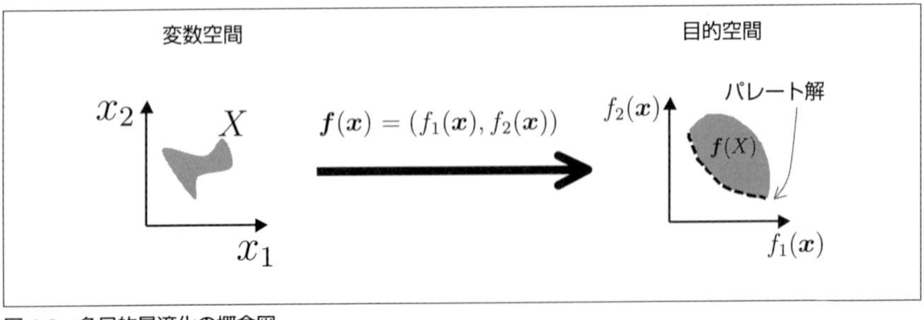

図 6.2　多目的最適化の概念図

図 6.2 は，多目的最適化の概念図で 2 変数・2 つの目的関数 $(n = 2, k = 2)$

の場合の多目的最適化問題を例に表現したものである．決定変数 x_1, x_2 の空間を，変数空間（**variable space**）と呼ぶ．変数空間中に制約条件で規定される x_1, x_2 の実行可能領域 X がグレーの部分とする．目的関数 f_1, f_2 の空間を目的空間（**objective space**）という．目的空間の中の f_1, f_2 のとりうる実行可能領域がグレーで表示された部分とする．

このとき，目的関数 f_1, f_2 の実行可能領域の中で，少なくともどちらかの目的関数が小さくなる方向に向かって行けるところまで進んで実行可能領域の境界に達するところが点線で示されている．この線のことを**パレートフロント**（**Pareto front**）という（一般の場合には，k-次元の空間の超平面になる）．多目的最適化では，このパレートフロント，およびそれらを実現する解すなわち決定変数 $\boldsymbol{x}$ を求めることが目的である．

ここで，ベクトルに対する不等号の使い方を説明する．$\boldsymbol{y}^1, \boldsymbol{y}^2 \in \mathbb{R}^r$ に対して以下のように不等式を定義する．

$$\boldsymbol{y}^1 < \boldsymbol{y}^2 \Leftrightarrow y_i^1 < y_i^2,\ \forall i = 1, \ldots, r \tag{6.3}$$

$$\boldsymbol{y}^1 \leq \boldsymbol{y}^2 \Leftrightarrow y_i^1 \leq y_i^2,\ \forall i = 1, \ldots, r \tag{6.4}$$

$$\boldsymbol{y}^1 \preceq \boldsymbol{y}^2 \Leftrightarrow \boldsymbol{y}^1 \leq \boldsymbol{y}^2, \boldsymbol{y}^1 \neq \boldsymbol{y}^2. \tag{6.5}$$

ベクトルに対する不等式で与えられる2つのベクトルの関係（2項関係）は，一部は順序関係がつくが，順序関係がつかない場合もある．このような2項関係は半順序であり，**パレート順序**（**Pareto order**）と呼ばれる．

多目的最適化で考えるのはすべての目的関数を同時に最小化できない状況なので，これ以上すべての目的関数を同時に改善できない境界のところを解の候補とする．すなわち，$\boldsymbol{f}(\boldsymbol{x}) \preceq \boldsymbol{f}(\hat{\boldsymbol{x}})$ となるような $\boldsymbol{x} \in X$ が存在しないとき，この $\hat{\boldsymbol{x}}$ を**パレート解**（**Pareto solution**）という．一般に，パレート解は唯一に決まらずに集合となる．それを**パレート解集合**（**Pareto solution set**）という．

目的関数の空間でパレート解集合に対応した点を図示したものがパレートフロントである．実際の最適設計や意思決定などにおいては，最終的に1つの解に決定しなければならないので，パレート解の中から各目的関数のバランスを考えて選ぶことになる．このように，多目的最適化では，数学的には優劣がつけられない解集合から最終的な答えを決める主体の存在が特徴的である．この主体のことを意思決定者と呼ぶ．

注 6.1) $\boldsymbol{f}(\boldsymbol{x}) < \boldsymbol{f}(\hat{\boldsymbol{x}})$ となるような $\boldsymbol{x} \in X$ が存在しないとき，この $\hat{\boldsymbol{x}}$ を弱パレート解（**weak Pareto solution**）という．弱パレート解では 1 つの目的関数の値は最小でもほかの目的関数の値に改善の余地があるという状況である．図 6.4 を参照されたい．

ベクトルの不等式に関してよく使われる言葉を追記しておく．$\boldsymbol{y}^1, \boldsymbol{y}^2 \in \mathbb{R}^r$ に対して式 (6.4) が成立するとき，$\boldsymbol{y}^1$ が $\boldsymbol{y}^2$ を支配する（**dominate**）という．この表現を用いると，パレート解とは実行可能解の集合の中でほかのどの解からも支配されていない解のことである．パレート解は，**非劣解**（**noninferior solution**）と呼ばれることもある．

6.2 多目的最適化のアルゴリズム

ここでは，パレート解を求めるための代表的なアルゴリズムを簡単に説明する．伝統的な方法を紹介したのち，第 4 章で紹介したメタヒューリスティックスを用いた手法や第 5 章で紹介した数式処理を利用した最適化による手法について紹介する．

6.2.1 伝統的なアリゴリズム

ここでは多目的最適化問題の伝統的な手法を紹介し，それら手法を用いたトレードオフの解析において留意する点について述べる．

❖スカラー化（単目的化）

多目的最適化 (6.1) における目的関数はベクトル値である．そこで，これをスカラー値に変換して単目的最適化として解こうというのがスカラー化（**scalarization**）である．単目的最適化になれば前章までに紹介したさまざまなアルゴリズムを利用して解けばよい．古くから最も用いられている方法である．

ベクトル値目的関数 $\boldsymbol{y} = \boldsymbol{f}(\boldsymbol{x})$ をスカラー化する関数を F とする．すなわち多目的最適化 (6.1) から以下の単目的最適化問題に変換される．

$$\begin{aligned} &\text{目的関数:} \quad F(\boldsymbol{y}) \quad \rightarrow \text{最小} \\ &\text{制約条件:} \quad \boldsymbol{x} \in X \end{aligned} \tag{6.6}$$

ではどのようにスカラー化すればよいであろうか．通常，スカラー化関数 F は，適当なパラメータ（ベクトル）を含む関数の族として構成する．その際に，関数 F としては次の性質をもっていることが望ましい．

- 任意のパラメータ値に対するスカラー化された問題の最適解は，もとの多目的最適化問題 (6.1) のパレート最適解になっている．
- また，もとの多目的最適化問題 (6.1) のどのパレート解も F の適当なパラメータ値に対するスカラー化問題の最適解になる．

最初の性質については，F が $\boldsymbol{y}$ に関してパレート順序を保存すればよい．実際，F が $\boldsymbol{y}$ に関してパレート順序を保存する，すなわち，任意の $\boldsymbol{y}^1, \boldsymbol{y}^2 \in \boldsymbol{f}(X)$ に対して

$$\boldsymbol{y}^1 \preceq \boldsymbol{y}^2 \Rightarrow F(\boldsymbol{y}^1) < F(\boldsymbol{y}^2) \tag{6.7}$$

を満たすとき，F を X において最小化する解，すなわち単目的最適化問題 (6.6) の最適解 $\boldsymbol{x}^0$ は多目的最適化問題 (6.1) のパレート解であることがわかる．ほかの性質や実際の使い勝手を考慮していくつかのスカラー化関数が提案されている．

- **重みつき線形和 (linear weighted sum):**

$$F_l(\boldsymbol{f}(\boldsymbol{x})) = w_1 f_1(\boldsymbol{x}) + \cdots + w_k f_k(\boldsymbol{x}) \tag{6.8}$$

重みつき線形和 F_l を最小化することを図示したのが図 6.3 である．重み $\boldsymbol{w} = (w_1, \ldots, w_k)$ を指定すると斜めの線（重みつき線形和の等高線）の傾きが決まり，その線と実行可能領域 $\boldsymbol{f}(X)$ の交わる点が，その重みに対するパレート解である．

任意の $\boldsymbol{w} > \boldsymbol{0}$ に対して F_l が $\boldsymbol{y}(= \boldsymbol{f}(\boldsymbol{x}))$ に関してパレート順序を保存するので，任意の $\boldsymbol{w} > \boldsymbol{0}$ に対して F_l を X において最小化する解はパレート解である．

ここで注意すべきは，パレートフロントが非凸な場合にはどのように重みを選んでも，F_l の最小化の解として求めることができないパレート解がある点である．たとえば図 6.3(b) のパレートフロントの窪んでいる部分の解がそうである．

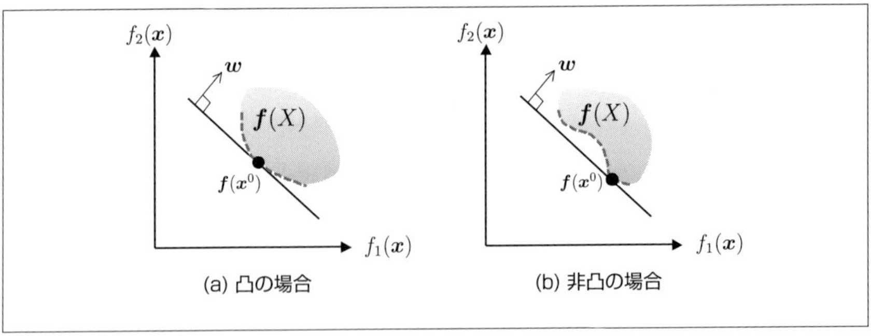

図 6.3　重みつき線形和最小化による解

● チェビシェフスカラー化関数（**Tchebyshev scalarization function**）:

$$F_T(\boldsymbol{f}(\boldsymbol{x})) = \max_{1 \le i \le k} w_i f_i(\boldsymbol{x}) \tag{6.9}$$

重みつき線形和では，非凸なパレートフロントの場合に，どのように重みを選んでも得ることができないパレート解があった．そこで，どのパレート解でも適当に $\boldsymbol{w}$ を調整すればスカラー化関数の最適解として得られるようにしたい．それを狙ったのがチェビシェフスカラー化関数である．図 6.4(a) に示すように等高線が直線ではないところが特徴である．

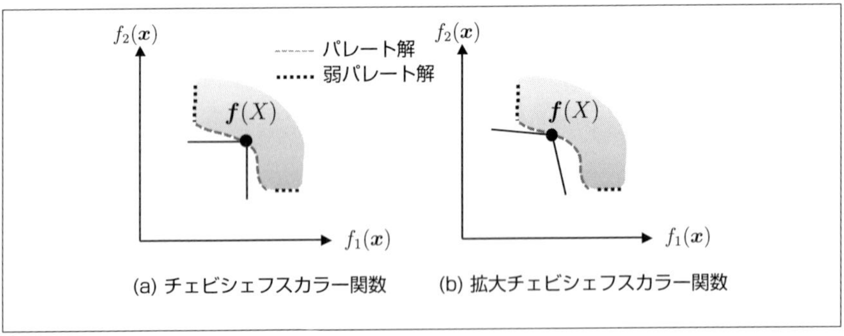

図 6.4　チェビシェフスカラー化関数最小化による解

ただし，チェビシェフスカラー化関数の最小化では，解として図 6.4 中の濃い色の細かめの点線（**......**）の部分を拾ってしまう可能性があるのが問題点である．この部分の解は，弱パレート解であり，1つの方向では最小ではあるがまだ改善の余地があることは明らかである．

- 拡大チェビシェフスカラー化関数（**augmented Tchebyshev scalarization function**）:

$$F'_T(\boldsymbol{f}(\boldsymbol{x})) = \max_{1 \leq i \leq k} w_i f_i(\boldsymbol{x}) + \alpha \sum_{i=1}^{k} w_i f_i(\boldsymbol{x}) \tag{6.10}$$

これは，パレート解だけを得るようにチェビシェフスカラー化関数を拡張したものである．図6.4(b)にあるように，等高線が直角よりも開いているところがポイントである．$\alpha > 0$ はその開きの度合いを調整するものである．

注6.2) 拡大チェビシェフスカラー化関数は滑らかな関数ではないため微分情報を使う最適化アルゴリズムが使えない．そこで実際には以下の等価な問題を解くことが多い．

$$\begin{array}{lll} \text{目的関数:} & z + \sum_{i=1}^{k} w_i f_i(\boldsymbol{x}) & \to \text{最小} \\ \text{制約条件:} & w_i f_i(\boldsymbol{x}) \leq z & (i = 1, \ldots, k) \\ & \boldsymbol{x} \in X & \end{array} \tag{6.11}$$

- 制約変換法（**constraint transformation method**）:

  目的関数のうち1つ（たとえば $f_k(\boldsymbol{x})$）だけを残してその他の目的関数を不等式制約へと置き換えることでスカラー化を行う．具体的には，$\boldsymbol{\varepsilon} = (\varepsilon_1, \ldots, \varepsilon_{k-1}) \in \mathbb{R}^{k-1}$ に対して，以下の問題を考える．

$$\begin{array}{lll} \text{目的関数:} & f_k(\boldsymbol{x}) & \to \text{最小} \\ \text{制約条件:} & f_i(\boldsymbol{x}) \leq \varepsilon_i & (i = 1, \ldots, k-1) \\ & \boldsymbol{x} \in X & \end{array} \tag{6.12}$$

  図6.5は $k = 2$ の場合，制約変換法を示したものである．$\boldsymbol{\varepsilon}$ は目的関数 $f_1, \cdots, f_{k-1}$ に対する要求の水準を設定していると考えられる．

ここでは，スカラー化についての概略だけを述べた．詳細な解説は [17,18] を参考にされたい．

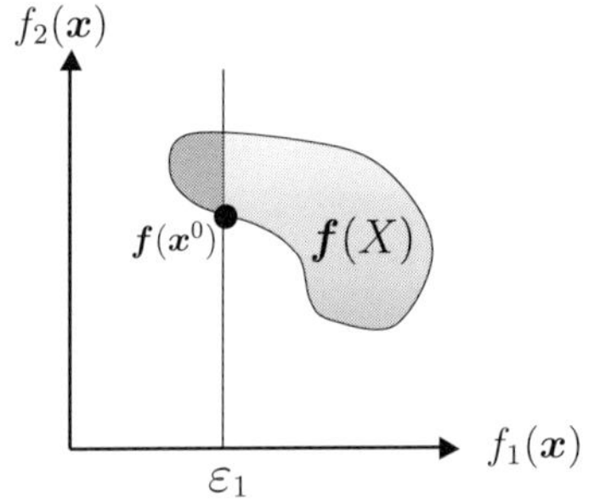

図 6.5　制約変換法による解

注 6.3) 多目的最適化では最終的にパレート解の中から 1 つの解に決定しなければならないので，どの目的関数をどの程度重視し，どの目的関数をどの程度犠牲にするかというトレードオフの分析をして目的関数間のバランスをとる．その際，意思決定者の主観的な価値判断を組み入れて決定をうまく助けることができるかを考えることも多目的最適化において重要な点である．上記の重みつきのスカラー化関数の最小化を用いて解を求め，重みを調整することによって目的関数間のバランスをとろうというやり方はよく利用されている．しかし，実際には重みの調整によって望み通りの解を得ることはそれほど容易ではない．それは，重みを変更した際に重みの変化とパレート解の変化の間には必ずしも正の相関があるわけではないことや，重みつき線形和の場合に非凸なパレートフロントの一部のパレート解を抽出できないことが原因となっている．

❖ ゴールプログラミングと最適満足化

スカラー化とは異なる伝統的なアプローチを紹介する．

多目的最適化では，数理的手法でパレート解集合を求めた後，その中からどれを選ぶか意思決定をする．意思決定者の目指すところ，すなわち行動基準について考えてみよう．経済組織の経営行動・意思決定に関する研究で 1978 年にノーベル経済学賞を受賞したサイモン（H. Simon）は人間の行動の合理性は「最適化」ではなく「満足化」にあると主張している．実際に，ものづくりの設計現場ではある程度満足できるレベルにあればそれで十分という場合も多い．

意思決定者の目標を満足化であるととらえると，満足すべき条件を等式・不等式条件として表現し，目標の不達成度を最小化するという最適化問題として定式化することに思い至る．この考えに基づいて考案されたのがゴールプログラミング（**goal programming**）である．もともとは最適化問題を解いた結果が実行不可能となってしまわないようにするために，数理最適化における制約条件を「目標 (goal)」としてとらえようとするものである．すなわち「最適化」を「目標達成」という概念でとらえ直したものである．

以下，簡単に目標達成の観点での定式化を紹介する．制約条件として定式化される目標としては一般に次の 3 つがある．

$$
\begin{array}{lll}
\text{(a)} & g_i(\boldsymbol{x}) = \tilde{g}_i & (i = 1, \ldots, s) \\
\text{(b)} & g_j(\boldsymbol{x}) \geq \tilde{g}_j & (j = s+1, \ldots, t) \\
\text{(c)} & g_q(\boldsymbol{x}) \leq \tilde{g}_q & (q = t+1, \ldots, u)
\end{array}
\tag{6.13}
$$

ここで，$\tilde{g}_1, \ldots, \tilde{g}_u$ を目標値と呼ぶ．このように，すべての目標は制約条件として表現する．そのうえで目的関数は目標値までの不達成度を最小化するという問題として定式化する．たとえば (b) の場合に $g_j(\boldsymbol{x}) \geq \tilde{g}_j$ については次の最適化に帰着して解くのである．ξ_j が不達成度を表す．

$$
\begin{array}{lll}
\text{目的関数:} & \xi_j & \to \text{最小} \\
\text{制約条件:} & g_j(\boldsymbol{x}) + \xi_j \geq \tilde{g}_j & \\
 & \boldsymbol{x} \in X &
\end{array}
\tag{6.14}
$$

このやり方に従って (a)〜(c) を同時に考慮するにはそれぞれに最小化すべき不達成度があるので多目的最適化問題になる．それをゴールプログラミングでは以下の最適化問題に帰着させて解く．多目的最適化問題を重みつき線形和を用いてスカラー化した形になっており，ここでも重み調整の難しさがあることを注意しておく．

$$
\begin{array}{lll}
\text{目的関数:} & \displaystyle\sum_{i=1}^{s} w_i(\xi_i^+ + \xi_i^-) + \sum_{j=s+1}^{t} w_j \xi_j + \sum_{q=t+1}^{u} w_q \xi_q & \to \text{最小} \\
\text{制約条件:} & g_i(\boldsymbol{x}) - \xi_i^+ + \xi_i^- = \tilde{g}_i, \quad (i = 1, \ldots, s) & \\
 & g_j(\boldsymbol{x}) + \xi_j \geq \tilde{g}_j, \quad (j = s+1, \ldots, t) & \\
 & g_q(\boldsymbol{x}) - \xi_q \leq \tilde{g}_q, \quad (q = t+1, \ldots, u) & \\
 & \boldsymbol{x} \in X, \xi_i^+ \geq 0, \xi_i^- \geq 0, \xi_j \geq 0, \xi_q \geq 0 &
\end{array}
\tag{6.15}
$$

さて，ゴールプログラミングは満足化を目指したものなので解がパレート解であることは求めていない．そこで，適当なスカラー化関数を用いて解のパレート最適性の達成を目指し，さらにトレードオフの分析を（対話的に）行うことも視野に入れた方法が**最適満足化（希求水準法）**である．その代表的な方法として**満足化トレードオフ法**を以下簡単に紹介しよう．

多目的最適化問題 (6.1) に対するスカラー化関数である拡大チェビシェフ関数 (6.10) の場合に，具体的に重み w_i をどのように決めたらよいかという観点から考察してみよう．次のスカラー化関数を考える．

$$\max_{1\leq i\leq k} w_i(f_i(\boldsymbol{x}) - \tilde{f}_i) + \alpha \sum_{i=1}^{k} w_i f_i(\boldsymbol{x}) \tag{6.16}$$

ここで，$\tilde{f}_i$ は目的関数 f_i に対するこの程度あれば望ましいという水準を表す量で**希求水準（aspiration level）**と呼ばれる．また，目的関数 f_i に対する理想的な値を f_i^* とする．理想的な値とは，目的関数 f_i の最小値あるいはより小さい値のことで，経験的にわかっている値でもよい．このとき，重みを

$$w_i = \frac{1}{\tilde{f}_i - f_i^*} \tag{6.17}$$

とする．こうすると，スカラー化関数 (6.16) の最初の項は，理想的な値 f_i^* を基点として希求水準 $\tilde{f}_i$ までの不達成の度合いとみることができる．つまり，目的関数を理想点と希求水準に基づいてスケーリングして無次元化して不達成度をできるだけ平等に最小化しようとしていると考えることもできる．さらに，この最初の項は負の値もとれるためスカラー化関数 (6.16) を最小化することで，希求水準を達成するだけでなく，さらにできる限り f_i の値が小さくなるように作用する．こうしてパレート最適性も達成できるわけである．

重み (6.17) を用いたスカラー化関数 (6.16) を最小化すれば，希求水準に何らかの意味である程度近いパレート解は得られ，意思決定者にとって満足な解であることは期待できる．しかしながら，希求水準が未達の場合特に，得られた解の不達成度のバランスに納得できないこともしばしば起こる．そのような場合に，希求水準を変更して再度同様の最適化問題を解く．繰り返しのたびに新しい希求水準は結果をみた意思決定者に入力してもらうような対話的なアプローチをとる．ここでは割愛するが，対話的にトレードオフの分析を行う方法については文献 [17,18] に詳しい．

多数の目的関数がある場合には，全体のバランスを調整するトレードオフ

の分析が必要になるので，最初は満足化の定式化をとり，状況次第でできるだけ最適になるように進めていくやり方は有効である．

6.2.2 進化的多目的最適化

前章で説明した多目的最適化をスカラー化関数やゴールプログラミングなどの方法で単目的化する場合，パレート解全体を一度に求めることはできない．第 4 章で学んだ GA や PSO は個体群が解を探索するという特長をもつため，複数のパレート解を探すことが求められる多目的最適化と相性がよく，パレート解全体をまとめて計算するのに使われる．単目的最適化の場合との違いは，パレート解全体を計算するために多様性を保つための工夫が入ったアルゴリズムになっている点である．

GA や PSO を用いた多目的最適化手法を，**進化的多目的最適化**（**evolutionary multi-objective optimization**）と呼ぶ．進化的多目的最適化のアルゴリズムは数多く提案されているが，ここでは代表的な手法である **MOGA**（**multi-objective genetic algorithm**）と **MOPSO**（**multi-objective particle swarm optimization**）の考え方を簡単に紹介する．ほかの進化的多目的最適化のアルゴリズムや各種アルゴリズムの評価指標などについては [17] が詳しい．

MOGA　MOGA では，各個体にパレート順序に従って**ランク**（**rank**）を割り当て，ランクに応じて適応度を計算することでパレート解全体を求める．パレート解全体をうまく求められるように多様性を維持するための工夫として**ニッチカウント**（**niche count**）が導入されている．ニッチカウントは解の周りの混雑度を表すものである．

まず，ランクを設定する．ランクは解の重要度を表す指標で，数字が小さいほどより重要であることを示す．MOGA で用いられるランクは，それぞれの解に対してその解を支配する解の数を計算し，それに 1 を足してランクとする（図 6.6(a) を参照）．

パレート解集合を求めるにはいかに均等にパレート解を覆う形で求めるかということが大切である．MOGA では解が同じところに集中しないように，同じランクの解集合ごとに，それぞれの解に対して，解からある範囲の距離

（ニッチ半径）にある解の数に応じて解の適応度を適度に減じて，同じような解ばかりが増えないようにする．これをニッチングという（図 6.6(b) を参照）．

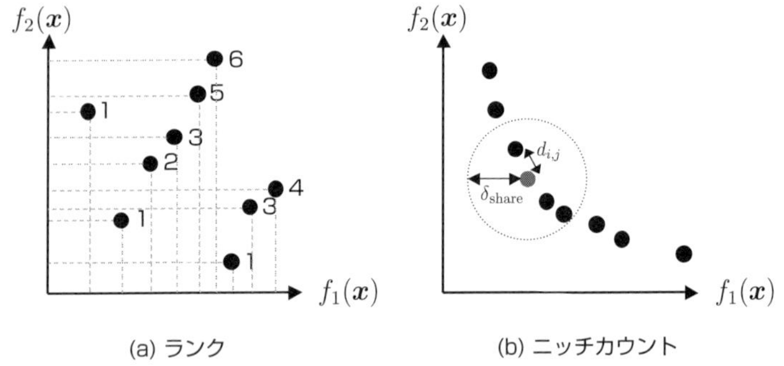

図 6.6　ランクとニッチカウント

ニッチングについてもう少し具体的に説明する．与えられたニッチ半径を $\delta_{\text{share}}(>0)$ とする．ニッチングは各ランクごとに行うので，以下ではあるランクについてのニッチカウントの計算を示す．目的関数 f_i の個数を k としておく．注目しているランクをもつ解の数を L とし，その中の i 番目の解に対する解の混雑度を表すニッチカウント nc_i は以下で与えられる．

$$nc_i = 1 + \sum_{j=1}^{L} Sh(d_{i,j}) \tag{6.18}$$

ここで，$Sh(d_{i,j})$ はシェアリング関数と呼ばれる関数であり，式 (6.19) で定義される．

$$Sh(d_{i,j}) = \begin{cases} 1 - \frac{d_{i,j}}{\delta_{\text{share}}} & (d_{i,j} \le \delta_{\text{share}}), \\ 0 & (\text{otherwise}) \end{cases} \tag{6.19}$$

$d_{i,j}$ は目的空間での i 番目の解と j 番目の解との距離である．

$$d_{i,j} = \sqrt{\sum_{q=1}^{k} \left(\frac{f_q^i - f_q^j}{f_q^{\max} - f_q^{\min}} \right)^2} \tag{6.20}$$

$f_q^{\max}, f_q^{\min}$ はそれぞれ考えているランクにおける目的関数 f_q の最大値と最小値であり，$d_{i,j}$ は正規化したユークリッド距離を計算している．ニッチ半径に含まれる解のみシェアリング関数が値をもつようになっているため，解が密集しているほどニッチカウントが大きくなる．

MOGA のアルゴリズムをまとめると次の通りである．

交叉，突然変異は通常と同じで，その後ですべての解のランクを計算し，ランクに応じて適応度を割り当てる．適応度の割り当てについては，ランクの値が小さい解が望ましいので，ランクの値が小さい解に高い適応度を割り当てる．事前に与えられたニッチ半径に基づいてニッチカウントを行い，適応度をニッチカウントで割る．これにより混雑しているところの適応度が小さくなるように調整される．その後は，適応度に応じて通常の GA のように選択を行い次世代に残る個体を決める．

MOPSO　MOPSO のフローは，4.3 節にて紹介した PSO の基本的枠組みにおいてステップ 3. と 4. が異なったものである．すなわち $\boldsymbol{g}^{\text{best}}$ と $\boldsymbol{p}^{\text{best}}$ の選び方が異なる．以下に MOPSO のフローを紹介する．

まず，群れの初期化と各粒子の目的関数の評価までは PSO と同様に行う．次に，その中からパレート解を保存する．その保存先をアーカイブと呼び，$\boldsymbol{g}^{\text{best}}$ をアーカイブに保存されているパレート解から選ぶ．そのため，探索点をパレートフロントに近づける働きをもつ．

アーカイブに保存されているパレート解の中から $\boldsymbol{g}^{\text{best}}$ を選ぶために，MOPSO では（目的関数の数 k として）k 次元の立方体，ハイパーキューブを導入する．目的関数が 2 つの場合を図 6.7 に示している．目的関数ごとに最大値と最小値を求め，その間を任意の個数に分割してハイパーキューブを作成する．1 つ以上の解が含まれるハイパーキューブに着目し，適当な値 $x > 1$（たとえば $x = 10$ など）をハイパーキューブに含まれる解の個数で割ったものをハイパーキューブの適応度として与える．これにより混雑しているハイパーキューブほど適応度が低くなるようになる．

探索に用いる $\boldsymbol{g}^{\text{best}}$ を選択するために，適応度を割り当てたハイパーキューブに対しルーレット選択を用い，適応度の高いハイパーキューブを優先して 1 つ選択する．その中からランダムに 1 つ解を選び，それを $\boldsymbol{g}^{\text{best}}$ として次

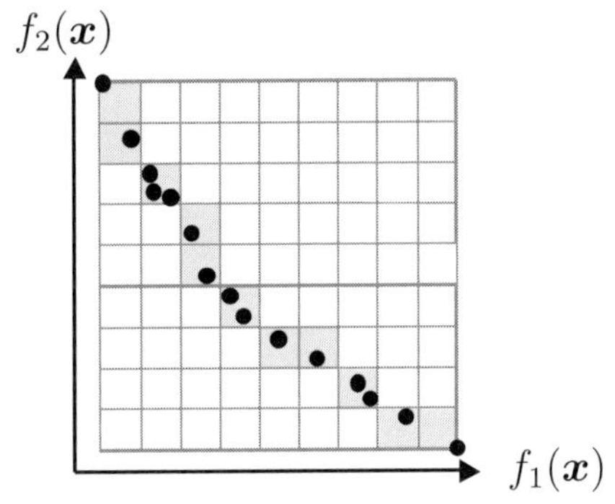

図 6.7　ハイパーキューブ

回の探索に用いる．また，$\boldsymbol{p}^{\mathrm{best}}$ の更新については，各粒子が得た現在の探索点の評価値と探索ごとに更新してきた $\boldsymbol{p}^{\mathrm{best}}$ を比較し，現在の評価値が優越する場合は現在の解を $\boldsymbol{p}^{\mathrm{best}}$ として保存する．このように選ばれた $\boldsymbol{g}^{\mathrm{best}}$ と $\boldsymbol{p}^{\mathrm{best}}$ を用いて，式 (4.2)，(4.3) で速度と位置を更新し，終了条件を満たすまで繰り返す．以上が MOPSO のアルゴリズムの概略である．

アーカイブの制御について述べておく．粒子群の中で非劣解がみつかったとき，それとアーカイブ内の粒子との優劣関係を調べ，1 つでもその粒子よりよいものあれば新たにみつかった粒子は破棄され，そうでないときには新たにみつかった粒子がアーカイブに入れられる．新たにみつかった粒子に支配されるアーカイブ内の粒子は削除される．アーカイブにはあらかじめ保存可能な解の数を設定し，その数を越えた場合には最も密集したハイパーキューブから粒子を削除する．もしグリッドの外部に新たな粒子が挿入された場合にはグリッドを新たに作成する．

MOPSO の場合，PSO のパラメータのほか，ハイパーキューブ生成のための分割数やアーカイブのサイズといったパラメータを適切に指定する必要がある．

6.2.3　数式処理による多目的最適化

前節の GA や PSO を用いた多目的最適化手法では有限個のパレート解か

らなるパレート解集合を求めるが，目的関数・制約関数がすべて数式で与えられていればパレートフロントは何かしらの数式であるはずである．第5章で紹介したQEを用いると正確にパレートフロントを（式として）求めることができる．「正確に」求めることができるというのは，非凸なパレートフロントの場合にも正しく求めることができるということであり，この方法の特長の1つである．

多目的最適化問題(6.1)をQE問題として解こう．基本的には通常の目的関数が1つの場合と同様に論理式をつくることで対応できる．式(6.2)で与えられる$\boldsymbol{x}$の実行可能領域Xを表す論理式を$\varphi(\boldsymbol{x})$とする．

$$\varphi(\boldsymbol{x}) = g_1(\boldsymbol{x}) \leq 0 \wedge \cdots \wedge g_\ell(\boldsymbol{x}) \leq 0 \wedge h_1(\boldsymbol{x}) = 0 \wedge \cdots \wedge h_m(\boldsymbol{x}) = 0 \quad (6.21)$$

次に，すべての目的関数に対して新たな変数$y_1, \ldots, y_k$を導入してできる$y_i = f_i(\boldsymbol{x})\,(i = 1, \cdots, k)$という式の論理積をとり

$$\Psi(\boldsymbol{y}, \boldsymbol{x}) \equiv y_1 = f_1(\boldsymbol{x}) \wedge \cdots \wedge y_k = f_k(\boldsymbol{x})$$

とする．一階述語論理式

$$\exists \boldsymbol{x}(\Psi(\boldsymbol{y}, \boldsymbol{x}) \wedge \varphi(\boldsymbol{x})) \quad (6.22)$$

を考える．式(6.22)にQEを適用すると$\boldsymbol{y}$の実行可能領域を表す論理式が得られる．これを$\tau(\boldsymbol{y})$とすると$\tau(\boldsymbol{y})$が図6.2の目的空間のグレーの領域に相当する実行可能領域を（正確に）与えている．これより目的空間の実行可能領域が得られ，$\boldsymbol{f}$が小さくなる方向の境界を表す式がパレートフロントを与える式となる．このQEによる多目的最適化のアルゴリズムを**MOQE**（**multi-objective quantifier elimination**）と呼ぶことにする．

注6.4) MOQEでは，目的関数の実行可能領域を計算することでその結果の境界の一部としてパレートフロントが求まるとした．以下のQE問題を解けば，パレートフロントだけを計算することができる．

$$\exists \boldsymbol{x} \forall \boldsymbol{u}(\Psi(\boldsymbol{y}, \boldsymbol{x}) \wedge \varphi(\boldsymbol{x}) \wedge (\varphi(\boldsymbol{u}) \rightarrow (\boldsymbol{f}(\boldsymbol{u}) = \boldsymbol{f}(\boldsymbol{x}) \vee \boldsymbol{f}(\boldsymbol{u}) \not\leq \boldsymbol{f}(\boldsymbol{x})))) \quad (6.23)$$

ただし，一般にこのQE計算のほうが計算量が大きく，さらに，目的関数の実行可能領域がすべて得られることは応用上も有益なため，実行可能領域を求めるQE問題(6.22)を解く方が現実的である．

以下簡単な例を紹介する．MOQEのさまざまな適用事例については[4]を参照されたい．

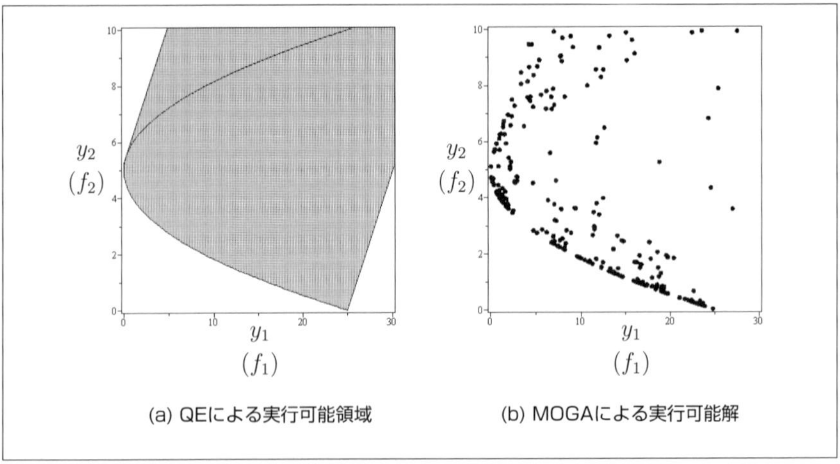

図 6.8　QE による多目的最適化

例 6.1 次の多目的最適化問題を考える．

$$
\begin{aligned}
\text{目的関数:}\quad & \boldsymbol{f}(x_1, x_2) = (f_1(x_1, x_2), f_2(x_1, x_2)), \quad \to \text{最小} \\
& f_1 = x_1^2 + x_2^2, \\
& f_2 = 5 + x_2^2 - x_1, \\
\text{制約条件:}\quad & -5 \leq x_1 \leq 5,\ -5 \leq x_2 \leq 5.
\end{aligned}
$$

目的空間における f_1, f_2 の実行可能領域を求めるには以下の一階述語論理式を QE で解く．

$$\exists x_1 \exists x_2 (y_1 = x_1^2 + x_2^2 \wedge y_2 = 5 + x_2^2 - x_1 \wedge -5 \leq x_1 \leq 5 \wedge -5 \leq x_2 \leq 5) \quad (6.24)$$

QE を適用すると次の y_1, y_2 の実行可能領域，すなわち f_1-f_2 空間の実行可能領域を求めることができる．

$$
\begin{aligned}
&(y_2 - y_1 + 25 \geq 0 \ \wedge\ y_2^2 - 60y_2 - y_1 + 925 \geq 0 \ \wedge\ y_2 \leq 30 \ \wedge\ y_1 \geq 25) \vee \\
&(4y_2 - 4y_1 - 21 \leq 0 \ \wedge\ y_2 \geq 30 \ \wedge\ 4y_1 \leq 101) \vee \\
&(y_2 - y_1 + 15 \geq 0 \ \wedge\ y_2^2 - 60y_2 - y_1 + 925 \leq 0) \vee \\
&(y_2 - y_1 + 25 \geq 0 \ \wedge\ y_2^2 - 10y_2 - y_1 + 25 \leq 0) \vee \\
&(4y_2 - 4y_1 - 21 \leq 0 \ \wedge\ y_2 \geq 5 \ \wedge\ y_1 \leq 25 \ \wedge\ 4y_1 \geq 1).
\end{aligned}
$$

この実行可能領域は，図 6.8(a) のグレーの領域である．この図から，正確なパレートフロント（多項式として得られている）が求まっていることがわかる．

図 6.8(b) は，同じ問題を数値的な多目的最適化手法である MOGA によって解いた結果を示している．もちろん世代数やさまざまなパラメータによって結果は異なってくる．ここでは，ある典型的な結果の様子を示していると思っていただきたい．この結果からパレート解集合を確認することでパレートフロントを推測できる．この手法では繰り返し計算が進むにつれてパレートフロント付近の実行可能解が増えていく方法なので実行可能領域全体を推測するのは容易ではない．

第７章

実問題解決のための最適化心得

これまで数理最適化の各種問題および対応するアルゴリズムについて紹介してきた．本章では，最適化を実際に適用するプロセスの観点から留意点を説明し，それらを考慮した新しい最適化の方向性について紹介する．

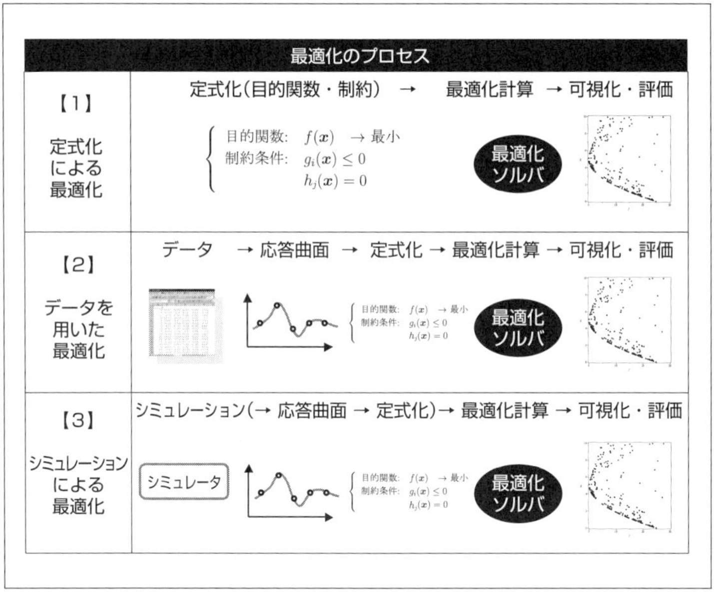

図 7.1　最適化の代表的なプロセス

7.1 最適化の実際

対象となる課題解決のために実際に最適化を適用する際，どのような状況下で課題に臨んでいるかによって最適化のプロセスが異なってくる．ここでは，まず，典型的な最適化のプロセスを整理する．その後，現実の課題への適用を考えるときに求められる要件について考えてみよう．

7.1.1 最適化のプロセス

本書では，目的関数と制約条件が数式として与えられたという状況で最適化の各種アルゴリズムについて数理的な側面から解説してきた．しかしながら，実際の問題解決にあたって最適化を活用しようとする際には，数理最適化問題として定式化することから開始する．ときには，観測データのみが与えられた状況下で最適化することを求められることもある．また，対象の振る舞いを計算できるシミュレータが与えられて最適化を行う場合もしばしばである（図 7.1 参照）．以下では，実問題解決に最適化を適用する際に遭遇するいくつかの典型的な前提状況に着目して，それぞれの場合の最適化のプロセスについて整理する．

❖ **定式化による最適化**（図 7.1 のプロセス【1】）

通常，最適化を適用するとき，まず対象となる問題をよくみて最小化あるいは最大化したい性能を目的関数として，また対象の状態や制約を制約条件として定式化することからはじまる．この「定式化」の部分は，所望の最適解を適切に求めるためにはとても重要なところであり，最適化のプロセスにおいて最も難しい部分でもある．定式化ができれば，定式化された最適化問題がどのクラスの問題かに応じてアルゴリズムを選択し最適解を求める．

定式化の部分のスキルを身につけるには，まずは本書で紹介した程度の数理最適化のアルゴリズムは知っておくことが重要である．そうしてどのような最適化問題に帰着させればいいかをひと通り理解したうえで，実際の問題に取り組んでみることである．その際に，典型的な実例についてもざっとでよいので，ある程度みておいて似た問題を参考にすると効果的である．そのような実例をみるには，たとえば文献 [15] が役に立つ．[15] では多くの応用をもつ最適化問題が 50 個ほどに整理されている．

❖ **データを用いた最適化**（図 7.1 のプロセス【2】）

実験や観測によっていくつかのサンプルのデータが得られている場合に最適化を適用することを考えよう．ここでいうデータとは，入力値と入力値に対応する何らかの出力値の組のことである．最適化問題として扱う際には，入力値が決定変数に，出力値が目的関数値に対応するものとなる．ここでは対象の振る舞いのメカニズムもわかっていない物理原理などによって定式化することが難しい場合を想定する．

この場合，まずサンプルデータから目的関数 f の形を近似式として構成する．具体的には，与えられたデータについて，出力値がそのまま目的関数の値であるとすると，入力値と出力値の関係性を近似式として表すことを行う．目的関数が出力値の何らかの関数として与えられる場合もあり，その際には，入力値と，出力値をその関数に入れて得られる値（すなわち，目的関数の値）との間の関係の近似式を構成する．得られる近似式は，不連続なデータを連続的な表面として近似させたものであり，これを**応答曲面モデル**（**respose surface model**）と呼ぶ．f の近似式が得られればその応答曲面モデルを用いて最適化問題として定式化し，最適化を行い最適解を予測するというフローになる．このように応答曲面モデルを用いて最適化を行う方法を**応答曲面法**（**response surfece method**）という．応答曲面については 7.2.1 項でも説明する．

応答曲面法は，すでにデータが与えられた状況で用いるだけでなく，実験を行う前の実験のやり方の策定と合わせて行われることが多い．実験は，対象となる現象を詳細に分析することを目的に行われるが，すべての入力値を網羅的に分析していてはとても大変で効率的でない．そのため，現象の分析が高い精度で行えるように，分析する入力値の組をうまく選択する方法，すなわちサンプリング手法を考える必要があり，それを行う統計的な方法が**実験計画法**（**design of experiments**）である．実験計画法について興味のある読者は，文献 [19] などを参照されたい．[19] には応答曲面法についても紹介されている．

❖ **シミュレーションによる最適化**（図 7.1 のプロセス【3】）

ものづくりにおける設計などでは，何らかのパラメータの入力値を指定すると対象の振る舞いを数値シミュレーションできるようなシミュレータが存在し，そのシミュレータを繰り返し使って最適なパラメータを探索する最適化がしばしば行われている．この場合，効率よくよい解を探索するためには，シミュレーションを繰り返し実行する際にパラメータの入力値をどう更新していくかが鍵となる．探索の戦略としては，メタヒューリスティックスの方法がよく使われる．

しかし，現実の問題では，1 回のシミュレーション計算にとても時間がかかることも多く，そのような場合に現実的な時間で最適解をみつけるには，シミュレーションの繰り返しの際の探索の戦略を改良するだけでは厳しい．このような場合には，特に実験計画法と応答曲面法を合わせて用いることが有効である．実験計画法によりシミュレーションするパラメータの入力値を選び，そのシミュレーション結果から応答曲面モデルを作って定式化し最適化することで高速化が図れる．応答曲面モデルは，最適化の演算でシミュレータの代替モデルとしても活用する訳である．実際にシミュレーションを実行する必要がなくなり，計算時間が大きく削減される．ただし，応答曲面モデルはあくまでも近似であるため，誤差が含まれることに注意が必要である．

応答曲面モデルの構成については，できるだけ少ないサンプルデータで十分な精度をもったものを生成できることがポイントである．最近では，できる限り少ないサンプルで応答曲面モデルを作成し，得られた近似式で最適化を行い，必要があれば新たなサンプルを追加してモデルの精度を上げるという繰り返しによって最適解を求めるという方法が注目されている．これは，逐次近似最適化（**sequential approximate optimization: SAO**）と呼ばれている．逐次近似最適化については 7.2.1 項で紹介する．

7.1.2　実適用時の留意点

最適化を実際に適用するプロセスには前項で説明したようにいくつかのバリエーションがある．いずれのプロセスにおいても，どのアルゴリズムを採用しどのように用いるかは，最適化の状況設定を考慮して検討する必要がある．対象問題の状況によって，最適化に許される時間制限があったり，状況の時間的な変化やさまざまな不確かさなどが大きな検討要因であることも多い．以下では，これらの点について，考え方と対応するための方向性を紹介する．最適化プロセスをトータルで考慮して結果を評価するときのヒントにしていただきたい．

限られた時間内での効率的な実行　実際の問題解決のための最適化というプロセスには前項で説明したようにいくつかのバリエーションがあった．いずれのプロセスにおいても，問題のクラスによって適用可能なアルゴリズムから実際にどのアルゴリズムを採用するか選ぶ．通常，各問題のクラスに対していくつかの適用可能なアルゴリズムが存在し，計算効率と解の精度（最適性）を考慮して採用するものを決定する．その決定の際に重要な要因が，最適化の計算に許される時間である．

通常，最適化が活用される場面では，最適化計算に使える時間にはさまざまなレベルで制約がある．たとえば，製品開発において設計仕様決定の納期までに設計を完了するような場合に数か月程度での設計最適化が求められ，荷物などの配送計画の立案では当日の配送業務開始までの１時間程度で最適な配送計画の立案が求められる．これらはオフラインで最適化計算をすればよい例であるが，燃費向上を目的としてエンジン制御のために用いられる最適制御手法で必要となる最適化は，オンラインで数ミリ秒ごとに最適化計算を行わなければならない．

このように限られた時間内で最適化の計算を求められる場合，次に考えるべきは，利用できる計算機環境である．先ほどの例でいえば，製品開発では多くの計算機をフル活用して分散計算などを行うことが可能であろう．配送計画などでは，集配所ごとに立案して普通のパソコンで最適化する必要があるかもしれない．エンジン制御では，エンジンコントロールユニットと呼ばれるマイコンである．このように状況によって利用できる計算機の能力が大きく違う．

採用すべき最適化アルゴリズムは，計算機環境を考慮したうえで制限時間内でできるだけ最適性の高い実行可能解を求めることができるようなものである．制限時間が厳しくなりリアルタイム性が求められる状況になればなるほど，効率的によい解を求めることが難しくなるが，必ずしも大域的最適解が求められる状況ばかりでもないので，状況に合わせて許容される範囲内で計算時間と解の精度のバランスを考えることが肝要である．そのための対応としては，利用可能な場合には，まずクラスタ計算，グリッド計算による大規模最適化計算を利用する手が考えられる（最適化のクラスタ計算，グリッド計算については [15] が詳しい）．計算機環境の増強が無理な場合には，解の精度を落とさず最適化のアルゴリズムの効率化を行ったり，解の精度を許容範囲内で犠牲にして近似解法を利用することが考えられる．さらには，問題の定式化において制約条件を近似したり緩和問題を解くようにするという方向もある．このように実問題への適用時には，時間制限のもとで解の精度と計算機環境を考慮して適した最適化アルゴリズムを採用することを心がけることが大切である．

状況変化への適応　多くのものづくりでの最適化では，対象の最適化問題に対して最適な設計解が決まればそれに基づいた製品づくりがなされる．つまり，与えられた最適化問題に対して最適解が求まればその解が製品化に採用され継続して使われる．

一方で，最適化をするときの状況が刻々と変化するような場合がある．これは，解くべき最適化問題が時間の経過に従って刻々と変化するような場合である．たとえば，地域エネルギーマネジメントの分野を考える．電力の需給バランスをとるために家庭やオフィスでの電力需要と太陽光発電などによる発電量，蓄電池の充電残量に基づいて最適な需給制御計画を立案する．家庭やオフィスの消費電力や太陽電池の発電量，蓄電池の充電残量は常に変化していくので，それに合わせて需給計画も変化させていく必要がある．そのために，消費電力，発電量，充電残量のデータが更新されるタイミングや変化の度合いなどを考慮して適切な時間間隔を設定し，その時間間隔ごとに最新のデータに基づいて状況変化を問題設定に反映し最適化計算を行う（ここで最適化を繰り返す間隔という要請から，前に触れた最適化計算の時間制約が求められることにも注意）．現在では，いろいろな分野で刻々と観測データが収集されている状況も多くなってきており，それらを活用して状況変化に対応し，その都度最適な計画決定を効率的に行うことができる循環型の最適化の枠組みが重要になってくると思われる．

最後に，その代表的な方法の１つを制御の分野から紹介しておこう．制御とは簡単にいうと，制御される状態量があらかじめ設定した目標値に一致するように操作量（入力）を決めることである．制御対象のシステムの（動的な）数式モデルが存在すれば，そのモデルに基づいて未来の被制御量の変化を予測できるので，被制御量と設定値が一致するような操作量を求めることができる．操作量を求める部分を，最も被制御量が目標値に一致するような操作量を求める最適化問題として定式化し，ある時間間隔でこの最適化を繰り返すのがモデル予測制御（**model predictive control**）と呼ばれる方法である．モデル予測制御は，状況変化に対応した制御を実現するための有効な方法として注目されており最近では多くの分野で利用されている．モデル予測制御については文献 [21] が詳しい．

不確かさの考慮　現実の問題を扱う際には必ず不確かさや曖昧さがつきまとう．不確かさの要因は，データの測定誤差，モデル化誤差，数値シミュレーションの数値計算誤差など多岐にわたる．これらの不確かさをどのように扱って対応していくか，さまざまな考え方に基づくアプローチが研究されている．ここでは，いくつかのアプローチについて簡単に紹介する．

先ほど紹介した状況変化に対応した循環型の最適化のアプローチも現在のデータを反映して不確かさを減少させているとみることもできる．1.3.1 項で名前を挙げた不確実性を確率的な事象として扱う確率的最適化と不確実性の範囲の中で最悪の場合に最適になることを狙うロバスト最適化は有効な方法論である．本書ではこれらの基本的な考え方について 7.2.2 項で紹介する．

また，最適化手法により得られた最適解を実際の設計や製造において使う場合には，さまざまな不確定要因によってばらつきが存在するため，最適化で得られた解と同じ設計値を正確に実現することが事実上不可能である．よって，「ある程度ばらつきがあっても性能が劣化しないような解がよい」というロバスト性の観点で，最適解を分析することが重要になってくる．つまり，同じばらつきの変動量に対して性能すなわち目的関数の値がどの程度変動するかをみればよい．たとえば，図 7.2 のような場合，局所的最適解と大域的最適解のまわりで同じばらつき変動 Δx に対する目的関数 f の変動量が大きく異なっている．ばらつきに対するロバスト性という観点では，大域的最適解が必ずしもよいとは限らないことを示している．現実の問題でこのような分析をするにはどうするのか，ものづくりでよく行われていることを紹介す

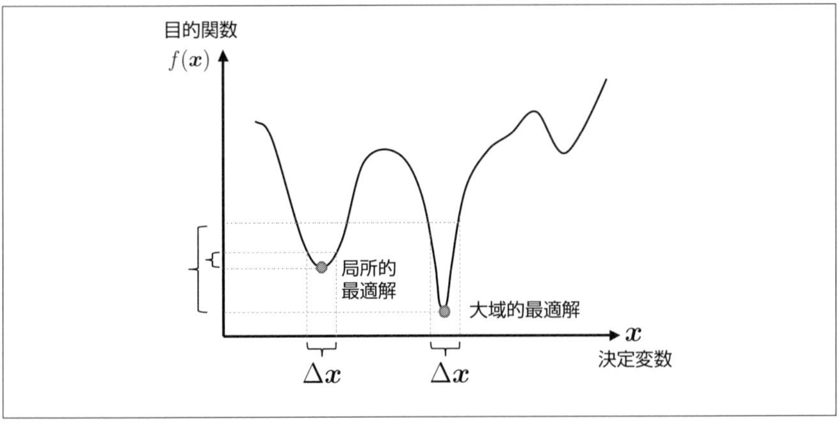

図 7.2　最適化の解のロバスト性

る．ものづくりにおいては，確率論を用いたアプローチによるロバスト設計の取り組みが注目されている．モンテカルロ法に基づいたシミュレーションの多数の繰り返し計算により設計に用いる解（設計解と呼ぶ）に対するロバスト性や信頼性の解析が行われている．考えている設計に用いる解を実現する設計変数にばらつきを表現した分布を設定したうえでシミュレーションを繰り返すことで，出力である目的関数の分布を求めてロバスト性を評価する．もちろんこれには膨大な計算量が必要となるため，効率よくロバスト性，信頼性を評価するために応答曲面法を用いた手法や確率的な手法などさまざまな実用的な方法が開発されている．また，最適化計算と組み合わせることで，目的関数の分布（平均値や標準偏差）を改善することもでき，よりロバスト性の高い設計を行える．

注 7.1) ロバスト設計を行う方法として，ここで述べたアプローチのほかに品質工学（quality engineering）がある．品質工学は製造ばらつきや市場での使用条件の影響（誤差因子）を明確に考慮して取り扱い，高品質と高生産性を同時に実現するための具体的な方法論で，考案者の田口玄一の名を冠してタグチメソッドとも呼ばれる．品質工学について勉強したい場合は文献 [19, 20] を参照されたい．

7.2　実用に有効な最適化の枠組み

ここでは，前節でみてきたような最適化の適用における考慮点の中から最近注目されている枠組み 2 つを紹介する．まずは，「応答曲面法の活用」の実践的な枠組みであり，シミュレーションや実験を行いつつ応答曲面を循環的に活用していく最適化手法である**逐次近似最適化**について紹介する．次に，1.3 節で紹介した不確実性を扱う枠組みである**確率的最適化**と**ロバスト最適化**について説明する．

7.2.1　逐次近似最適化

ものづくりなどの設計では最適化問題の目的関数が明示的に与えられず，シミュレーションや実際の実験を行うことではじめて，目的関数の値が得られることも多く（図 7.1 のプロセス【2】,【3】），そのような場合に有効な方法として応答曲面法があることを述べた．逐次近似最適化は，最適化の観点から応答曲面法を有効に適用するための実用的な枠組みといえる．

最適化問題 (1.1)

$$
\begin{aligned}
&\text{目的関数:} \quad f(\boldsymbol{x}) \to \text{最小} \\
&\text{制約条件:} \quad \boldsymbol{x} \in S
\end{aligned}
$$

を考えよう．ここでは，目的関数 f が陽にはわかっておらず，シミュレーションによって目的関数の評価は可能で，1 回のシミュレーションによる目的関数の評価には計算時間がかかるという状況を考える．

逐次近似最適化は，

1. **モデリング:** 得られているデータから近似目的関数 $\hat{f}$ を構成する
2. **最適化:** 近似目的関数 $\hat{f}$ に対して最適化を行う
3. **サンプリング:** 必要があれば，最適化の結果に基づきデータを追加する

という手順を繰り返すことにより解を求めていく．少なめのサンプルデータからはじめて，十分な精度をもつ近似関数が得られるまで少しずつサンプルデータを追加して，それに基づいて近似関数の修正を行って近似精度を上げていく．逐次近似最適化の狙いは，この繰り返しによってデータ数をなるべく少なく，かつより精度の高い最適解を得ることにある．

以下，各ステップについて説明を加えていく．

1. における近似関数 $\hat{f}$ は，いわゆる応答曲面モデルのことであるが，分野

によって，メタモデル（meta model），代理モデル（surrogate model），学習器（learning machine）などといろいろな名称で呼ばれている．逐次近似最適化の分野では，1. のモデリングのことを通常メタモデリングと呼ぶが，ここでは簡単のためモデリングとした．サンプルデータにおける入力値を $\boldsymbol{x}_1, \ldots, \boldsymbol{x}_\ell$ とし，実験などで得られた目的関数値（出力値）を $y_1, \ldots, y_\ell$ とすると，できる限り少ないデータで精度のよい近似関数 $\hat{f}$，ただし $\hat{f}$ は

$$y = \hat{f}(\boldsymbol{x}),$$

を構成することがモデリングの目標である．そのための代表的な手法としては以下に示すものがある．

- **多項式モデル（polynomial model）**
- **クリギンモデル（Kriging model）**
- **RBF ネットワーク（radial basis function network）**
- **SVR（support vector regression）**

3. においていかに巧く追加するサンプル点を選んで近似関数の精度を向上させるかが逐次近似最適化の 1 番のポイントである．多項式モデルは実験計画法でよく用いられるが，この場合の追加データのサンプリング法としては **D-最適性（D-optimality）**がよく使われる．クリギンモデルは，データ中の実験による実測値が測定誤差を含まないような場合に使われることが多く，追加データのサンプリング法としては**期待改善量（expected improvement）**を用いる方法がある．

ここでは，多項式モデルとクリギンモデルに対してモデリングとサンプリングの方法について簡単に紹介する．RBF ネットワークや SVR は，機械学習で最近よく使われている手法である．RBF ネットワークや SVR については，ここでは説明を省略するので興味のある方は文献 [17] を参照されたい．

多項式モデル　与えられたサンプルのデータに対して，簡単のため例として以下の線形多項式でモデル化する場合で説明する．

$$y = w_0 + \sum_{i=1}^{n} w_i x_i \tag{7.1}$$

$\boldsymbol{w} = (w_0, w_1, \ldots, w_n)^T$ に関して線形なので，線形回帰モデル

$$\boldsymbol{y} = \boldsymbol{X}\boldsymbol{w} + \boldsymbol{\varepsilon} \tag{7.2}$$

を得る．ここで

$$\boldsymbol{y} = \begin{pmatrix} y_1 \\ \vdots \\ y_\ell \end{pmatrix}, \quad \boldsymbol{X} = \begin{pmatrix} 1 & x_{11} & \cdots & x_{1n} \\ \vdots & \vdots & \ddots & \vdots \\ 1 & x_{\ell 1} & \cdots & x_{\ell n} \end{pmatrix}$$

である．誤差 ε に対して期待値 $E(\varepsilon)$ と分散 $V(\varepsilon)$ は

$$E(\varepsilon) = 0, \ V(\varepsilon) = \sigma^2 I$$

とする (I は単位行列)．$\boldsymbol{w}$ の推定値はデータと予測値との誤差 2 乗和を最小にする (すなわち最小 2 乗法を用いる) と以下のように求まる．

$$\hat{\boldsymbol{w}} = (\boldsymbol{X}^T\boldsymbol{X})^{-1}\boldsymbol{X}^T\boldsymbol{y} \tag{7.3}$$

このとき，$\hat{\boldsymbol{w}}$ の分散共分散行列は次式で与えられる．

$$\begin{aligned} \mathrm{Cov}[\hat{\boldsymbol{w}}] &= \mathrm{Cov}[(\boldsymbol{X}^T\boldsymbol{X})^{-1}\boldsymbol{X}^T\boldsymbol{y}] \\ &= (\boldsymbol{X}^T\boldsymbol{X})^{-1}\sigma^2 \end{aligned} \tag{7.4}$$

通常，統計学では分散の小さい方がよいとされるが，多項式モデルにおいても式 (7.4) の分散共分散の値は小さい方がモデルとして望ましいことに留意しておこう．2 次以上の多項式モデリングに対しても，$\boldsymbol{X}$ は異なるが式 (7.3)，(7.4) は成立する．

多項式モデルの場合，$\hat{\boldsymbol{w}}$ の分散をできるだけ小さくすることが，追加サンプリングする際の目指す考え方である．よって，式 (7.4) の分散共分散の値が小さくなるようにすることを考える．そのためには行列 $(\boldsymbol{X}^T\boldsymbol{X})^{-1}$ を最小にすればよいが，行列 $(\boldsymbol{X}^T\boldsymbol{X})^{-1}$ の各成分は分母に $\det(\boldsymbol{X}^T\boldsymbol{X})$ があるので $\det(\boldsymbol{X}^T\boldsymbol{X})$ を最大化すればよいと考えられる．これが実験計画法における **D-最適性基準**である．ほかにもこの考え方に基づいた最適性が提案されているが（ [17] 参照)，実際には D-最適性が広く利用されている．

クリギンモデル　出力 $y(\boldsymbol{x})$ を次式で与えられる確率モデル $Y(\boldsymbol{x})$ の実現値であると考える.

$$Y(\boldsymbol{x}) = \mu(\boldsymbol{x}) + Z(\boldsymbol{x}) \tag{7.5}$$

ここで, $\mu(\boldsymbol{x})$ は平均である (グローバルモデルと呼ばれることもある). $Z(\boldsymbol{x})$ は平均からの誤差を表す期待値が 0 で共分散

$$\mathrm{Cov}[Z(\boldsymbol{x}), Z(\boldsymbol{x}')] = \sigma_Z^2 R(\boldsymbol{x}, \boldsymbol{x}') \tag{7.6}$$

をもつ確率過程である. ただし, σ_Z^2 は誤差の分散で, $R(\boldsymbol{x}, \boldsymbol{x}')$ は $Z(\boldsymbol{x})$ と $Z(\boldsymbol{x}')$ との相関を表している. 通常, 相関 $R(\boldsymbol{x}, \boldsymbol{x}')$ は $\boldsymbol{x} - \boldsymbol{x}'$ のみに依存する関数である (これは, 確率過程が定常であることに対応している). しばしば用いられる相関関数としては次式がある.

$$R(\boldsymbol{x}, \boldsymbol{x}') = \exp\left(-\sum_{i=1}^{n} \frac{|x_i - x_i'|^{p_i}}{r_i^2}\right) \tag{7.7}$$

ここで, r_i と $0 < p_i \leq 2$ はパラメータである.

$\mu(\boldsymbol{x})$ としては, 特性の異なるいくつかのモデルが用いられる. たとえば, $\mu(\boldsymbol{x})$ として線形回帰モデルを用いたり（普遍型クリギングという), $\mu(\boldsymbol{x})$ を未知の一定値であると仮定したり（通常型クリギングという）する. よく用いられるのは $\mu(\boldsymbol{x})$ を未知の一定値であると想定した場合で, その場合の推定モデル（近似関数）は

$$\hat{y}(\boldsymbol{x}) = \hat{\mu} + \boldsymbol{r}^T(\boldsymbol{x})\boldsymbol{R}^{-1}(\boldsymbol{y} - \boldsymbol{1}\hat{\mu}) \tag{7.8}$$

で与えられることが知られている. ここで, $\hat{\mu}$ は μ の最小 2 乗推定で $\hat{\mu} = \dfrac{\boldsymbol{1}^T\boldsymbol{R}^{-1}\boldsymbol{y}}{\boldsymbol{1}^T\boldsymbol{R}^{-1}\boldsymbol{1}}$ である. $\boldsymbol{r}(\boldsymbol{x})$ は未測定サンプル点 $\boldsymbol{x}$ と既測定サンプル点 $\boldsymbol{x}_i$ での相関のベクトルである. すなわち, $\boldsymbol{r}(\boldsymbol{x}) = [R(\boldsymbol{x}_1, \boldsymbol{x}), \ldots, R(\boldsymbol{x}_\ell, \boldsymbol{x})]^T$. $\boldsymbol{R}$ はその (i,j) 成分が $R(\boldsymbol{x}_i, \boldsymbol{x}_j)$ である相関行列である. つまり, $\boldsymbol{R} = [\boldsymbol{r}(\boldsymbol{x}_1), \ldots, \boldsymbol{r}(\boldsymbol{x}_\ell)]$ である. また, $\boldsymbol{1} = (1, \ldots, 1)^T$ である.

また, 式 (7.6) の $\hat{\sigma}_Z^2$ は次で推定される.

$$\hat{\sigma}_Z^2 = \frac{(\boldsymbol{y} - \boldsymbol{1}\hat{\mu})^T\boldsymbol{R}^{-1}(\boldsymbol{y} - \boldsymbol{1}\hat{\mu})}{\ell} \tag{7.9}$$

クリギングモデル (7.8) は，必ず既存のサンプル点 $(\boldsymbol{x}_i, y_i)$ を通ることがわかる．この特徴により，数値シミュレーションを使う場合などデータに誤差が含まれないような状況に有効と考えられる．

逐次近似最適化による大域的最適化手法として **EGO**（**efficient global optimization**）と呼ばれる方法がある．EGO は，モデリングにクリギングモデルを採用し，追加サンプリングでは**期待改善量** によるサンプリング法を用いているのが特徴である．期待改善量とは，2 つの基準が組み込まれた指標で，目的関数が最小値をとる可能性のある部分，または，サンプル点の密度が疎な部分に対して高い値を与える指標である．以下，最小化問題を考えている場合の，期待改善量を用いた追加サンプル点の決め方を説明する．

与えられたサンプルデータ $(\boldsymbol{x}_1, y_1), \ldots, (\boldsymbol{x}_\ell, y_\ell)$ の最小値を

$$f_{\min} = \min\{y_1, \ldots, y_\ell\} \tag{7.10}$$

とする．ある点 $\boldsymbol{x}$ における目的関数値 y を確率変数 Y の実現値であると考えると，点 $\boldsymbol{x}$ における目的関数値の改善量 I は次式で与えられる．

$$I(\boldsymbol{x}) = \max\{0, f_{\min} - Y\} \tag{7.11}$$

式 (7.11) の期待値をとり，改善量の期待値（期待改善量）を計算すると $E[I(\boldsymbol{x})]$ が与えられる．すなわち，

$$E[I(\boldsymbol{x})] = E[\max\{0, f_{\min} - Y\}] \tag{7.12}$$

である．この期待改善量が最大になる点を追加サンプル点として選ぶ．ただし，実際には効率の観点から，ランダムに候補点をいくつか生成してその中で期待改善量が高い点を使うことも多い．

注 7.2) 式 (7.12) の $E[I(\boldsymbol{x})]$ の計算方法について簡単に説明する．あるサンプル点 $\boldsymbol{x}$ において実測値と予測値との乖離（誤差）を $\varepsilon(\boldsymbol{x})$ とする．2 つのサンプル点 $\boldsymbol{x}_i$ と $\boldsymbol{x}_j$ が近傍にあるとき，誤差 $\varepsilon(\boldsymbol{x}_i)$ と $\varepsilon(\boldsymbol{x}_j)$ は近い値をとり $\varepsilon(\boldsymbol{x}_i)$ と $\varepsilon(\boldsymbol{x}_j)$ は相関があると考えられる．よって，$\varepsilon(\boldsymbol{x}_i)$ と $\varepsilon(\boldsymbol{x}_j)$ との距離が大きいときは相関が低く，逆は相関が高いとして，上述のクリギングモデルの考え方を適用すると，近似関数 $\hat{y}$ は式 (7.8) で与えられ，近似関数の平均 2 乗誤差 $\hat{s}^2(\boldsymbol{x})$ が次式で与えられることが知られている．

$$\hat{s}^2(\boldsymbol{x}) = \hat{\sigma}_Z^2 \left(1 - \boldsymbol{r}(\boldsymbol{x})^T \boldsymbol{R}^{-1} \boldsymbol{r}(\boldsymbol{x}) + \frac{(1 - \mathbf{1}^T \boldsymbol{R}^{-1} \boldsymbol{r}(\boldsymbol{x}))^2}{\mathbf{1}^T \boldsymbol{R}^{-1} \mathbf{1}}\right) \tag{7.13}$$

以上の準備の下で，$E[I(\boldsymbol{x})]$ は以下の式の計算により求められる．

$$E[I(\boldsymbol{x})] = (f_{\min} - \hat{y})\ \Phi\left(\frac{f_{\min} - \hat{y}}{\hat{s}}\right) + \hat{s}\ \phi\left(\frac{f_{\min} - \hat{y}}{\hat{s}}\right) \tag{7.14}$$

ただし，この式は $\hat{s} > 0$ のときのもので，$\hat{s} = 0$ のとき，$E(I) = 0$ である．また，確率変数 Y は $N(\hat{y}, \hat{s}^2)$ に従い，$\hat{y}$ は近似関数値，ϕ はガウス確率密度関数，Φ はその分布関数を表している．式 (7.14) の導出など詳細については [17] を参照されたい．

注 7.3) その他の追加サンプリングの方法として，より精度の高い近似目的関数に対する最適解を求めるための局所的な情報と，精度のよい近似目的関数を生成するための大局的な情報を同時に追加していく簡便なサンプリングの方法が提案されている（[17] 参照）．2 つの基準を用いており期待改善量によるサンプリングと似ているが，この方法では，現段階の最適解付近の点の追加（局所的情報）とサンプル点の分布が疎な部分の点の追加（大局的情報）を同時に行うところが異なる．さらに，両サンプル点の選択が，サンプル点間の距離計算だけで構成できるため計算の容易さが大きなメリットである．

注 7.4) 多目的最適化において逐次近似最適化のアプローチが近年盛んに研究されている．スカラー化関数を用いて単目的化する方法の場合には，単目的の逐次近似最適化の手法をそのまま用いることが考えられるが，多目的最適化の場合は最適性の考え方が単目的とは異なるため，追加のサンプリングをどうすればよいかそのままではいけない．逐次近似多目的最適化の場合，目的関数も複数あるためモデリングする関数そのものを何にするか，どのようにモデリングするのか，追加のサンプリング法は何を基準にどの実行するのかなど，それぞれのステップでさまざまな可能性があり，いかにデータ数を少なく精度を上げられるか考慮して適切なアルゴリズムを設計することが重要である．具体的な逐次近似多目的最適化の手法については [17] に実例も含め紹介されている．

7.2.2 不確実性を考慮した最適化

実問題に対して数理モデルを作り最適化を行う場合に必ず対峙する問題の 1 つが不確実な状況を考慮しなくてはいけないことである．サンプリングしたデータが誤差を含んでいたり，データを得たときの条件によって値が顕著に変動したりと不確かであることは多い．不確実なデータを取り扱う方法に感度分析があるが，感度分析は最適解が得られた後で評価を行うものである．ここでは，より直接的に不確実性を扱う方法を紹介する．以下，データの変動の範囲やある値をとる確率などの不確実な情報しかわからないような状況下で，どのように最適化問題を定式化し解を求めるのか考えていく．

ロバスト最適化　ここでは，以下の線形計画問題を考える．

$$\begin{aligned} &\text{目的関数:} \quad \boldsymbol{c}^T\boldsymbol{x} \rightarrow \text{最小} \\ &\text{制約条件:} \quad \boldsymbol{A}\boldsymbol{x} = \boldsymbol{b} \end{aligned} \tag{7.15}$$

ここで，$\boldsymbol{A} \in \mathbb{R}^{m\times n}$, $\boldsymbol{c} \in \mathbb{R}^n$, $\boldsymbol{x} \in \mathbb{R}^n$, $\boldsymbol{b} \in \mathbb{R}^m$ である．

$\boldsymbol{A}$ が不確実であると仮定し，$\boldsymbol{A}$ が次式のようにある範囲で変動するものであるとする．

$$\boldsymbol{A} \in \mathcal{U} \subset \mathbb{R}^{m\times n} \tag{7.16}$$

不確実なデータのとり得る範囲 $\mathcal{U}$ をあらかじめ想定し，$\boldsymbol{A}$ がこの範囲で変動するときの最悪の目的関数値を最小化することを考えるのは自然であろう．これがロバスト最適化の基本的な思想である．ロバスト最適化問題は，A の変動範囲 $\mathcal{U}$ を用いて次のように定式化される．

ロバスト最適化問題（ロバスト線形計画問題）

$$\begin{aligned} &\text{目的関数:} \quad \boldsymbol{c}^T\boldsymbol{x} \to \text{最小} \\ &\text{制約条件:} \quad \boldsymbol{A}\boldsymbol{x} = \boldsymbol{b}, \forall \boldsymbol{A} \in \mathcal{U} \end{aligned} \tag{7.17}$$

ある範囲の中で制約条件の実行可能領域が変動しているが，この問題は目的関数にとって最も厳しい状況を想定した制約領域のもとで目的関数を最適化することと同じである．つまり，最悪の場合を想定して最適化を行う方法といえる．

ロバスト最適化問題を定式化するときに最も大事な点は，$\mathcal{U}$ をどう設定するかである．$\mathcal{U}$ をあまり大きくすると，すべての制約式を満たす実行可能解がなくなったり，存在したとしても保守的な（無難な）解になってしまう可能性がある．$\mathcal{U}$ をどのように与えれば計算しやすい最適化問題に帰着できるかについての研究や解のロバスト性と設定する範囲 $\mathcal{U}$ の大きさの関係（トレードオフ）についての研究も進んでおり，リスクの概念を用いることも提案されている．

また，$\mathcal{U}$ をどう表現するかで最適化問題としての扱いが容易かどうか大きく変わってくるため，最適化問題を解く視点から $\mathcal{U}$ の表現を設定することが重要である．たとえば，ロバスト最適化問題 (7.17) の場合に $\mathcal{U}$ が超立方体（すなわち，すべての $\boldsymbol{A}$ の成分の変動範囲が区間）として与えられれば，式 (7.17) は通常の線形計画問題として定式化される．

確率的最適化　データの不確実性を確率的な事象として扱うことが考えられる．不確実なデータを確率変数としてモデリングし最適化問題を解く，具体的には，関数値の期待値や制約式を満たす確率を評価して最適化を行うのが確率的最適化である（確率計画法とも呼ぶ）．

以下，説明の簡略化のため制約条件を 1 つだけ考えた次の問題を考える．

$$\begin{aligned} &\text{目的関数:} \quad \boldsymbol{c}^T \boldsymbol{x} \to \text{最小} \\ &\text{制約条件:} \quad \boldsymbol{a}^T \boldsymbol{x} \geq b \end{aligned} \tag{7.18}$$

ここで，$\boldsymbol{a} \in \mathbb{R}^n$, $b \in \mathbb{R}$ で，$\boldsymbol{a}$ が不確実であるという設定である．$\boldsymbol{a}$ に何らかの確率分布を仮定したうえで，確率的最適化問題としては 2 通りの定式化がある．

まず，確率変数を含んだ制約式を期待値で評価する場合は以下のように定式化される．

確率的最適化問題（期待値制約）

$$\begin{aligned} &\text{目的関数:} \quad \boldsymbol{c}^T \boldsymbol{x} \to \text{最小} \\ &\text{制約条件:} \quad E(\boldsymbol{a}^T \boldsymbol{x}) \geq b \end{aligned} \tag{7.19}$$

ここで，$E(\boldsymbol{a}^T \boldsymbol{x})$ は $\boldsymbol{a}^T \boldsymbol{x}$ の期待値を表している．期待値がある水準以上であるというこの制約は期待値制約（**expected value constraint**）と呼ばれ，扱いやすい制約である．

次に，制約式を満たす確率を評価する場合は以下の定式化となる．

確率的最適化問題（機会制約）

$$\begin{aligned} &\text{目的関数:} \quad \boldsymbol{c}^T \boldsymbol{x} \to \text{最小} \\ &\text{制約条件:} \quad \mathrm{Prob}(\boldsymbol{a}^T \boldsymbol{x} \geq b) \geq p \end{aligned} \tag{7.20}$$

ここで，$\mathrm{Prob}(\boldsymbol{a}^T \boldsymbol{x} \geq b)$ は制約 $\boldsymbol{a}^T \boldsymbol{x} \geq b$ を満たす確率を意味する．この問題の制約条件のように制約を満たす確率がある水準以上であるという制約は機会制約（**chance constraint**）と呼ばれる．機会制約は，後で述べるようにいくつかの利点があるものの，一般的には凸な制約とならないため扱いにくい制約として知られている．

最後に，不確実性を直接的に取り扱う最適化のアプローチであるロバスト最適化，確率的最適化（期待値制約，機会制約）について位置づけを大まかに整理しておこう．期待値制約は確率変数を含んだ制約式を期待値で評価し，最適化計算の面から扱いやすい制約である．一方で，確率変数の分散など，ほかの分布の情報については反映されていないため，制約式が満たされない場合に大きな損失を伴うような状況下や，制約式が満たされないリスクを回避したい場合にはあまり適さないといえる．そういった制約式を満足することが重要な場合には，確率変数のとりうる範囲を前もって固定して，その範囲でどのような実現値をとった場合にも制約式が満たされることを要求するロバスト最適化を適用する方がよいと思われる．ただし，ロバスト最適化では，不確かさの範囲の設定が大きすぎると保守的過ぎる解しか得られないことも多い．そのような欠点を補う方法としても機会制約は有効である．機会制約では，確率変数を含んだ条件が満たされる確率があらかじめ決められた水準以上であることを求めるため，その水準を1に近く設定すれば機会制約はロバスト最適化に近づく．この意味で，機会制約はロバスト最適化を含むクラスともみることができる．逆の見方をすると，機会制約はある確率以下ならば条件が満たされないことを許す制約なので，ロバスト最適化を緩和した問題としてとらえられる．したがって，機会制約を用いると，ロバスト最適化の緩和問題を解くことになり最適値の改善が期待される．ただし，機会制約は一般的には凸な制約とならないことが計算面でのデメリットである．

実際に不確実性をモデル化して最適化する場合には，問題の状況や問題意識によって上記のような点を考慮して適切な方法を選ぶ必要がある．

以上，ここでは簡単にロバスト最適化と確率的最適化について述べた．ロバスト最適化や確率的最適化の具体的な問題について [15] にて紹介されているので興味ある方は参照されたい．

注 7.5) 不確かさに対応した最適化の考え方は最適化を活用しているいろいろな分野で取り組まれている．工学などの設計において，モデル化誤差や製造のばらつきなどさまざまな不確かさあるときにもロバストな設計が達成できるための方法論について 7.1 節で紹介した．ここで紹介したロバスト最適化の基本的な考え方は，制御理論におけるロバスト制御理論の主眼でもある．ロバスト制御については，たとえば [22] などを参照されたい．

関連図書

[1] 小島政和, 土谷 隆, 水野眞治, 矢部 博, 『内点法』朝倉書店 , 2001.

[2] 久保幹雄 ,『組合せ最適化とアルゴリズム』共立出版 , 2000.

[3] 久保幹雄, J. P. ペドロソ, 『メタヒューリスティクスの数理』共立出版, 2009

[4] 穴井宏和, 横山和弘, 『QE の計算アルゴリズムとその応用— 数式処理による最適化』東京大学出版会, 2011.

[5] 三宮信夫, 喜多 一, 玉置 久, 岩本貴司, 『遺伝アルゴリズムと最適化』朝倉書店, 1998.

[6] 伊庭斉志, 『遺伝的アルゴリズムの基礎— GA の謎を解く』オーム社, 1994.

[7] 相吉英太郎, 安田恵一郎, 『メタヒューリスティックスと応用』電気学会, 2007.

[8] 柳浦睦憲, 茨木俊秀, 『組合せ最適化—メタ戦略を中心として』朝倉書店, 2001.

[9] 福島雅夫,『新版 数理計画入門』朝倉書店, 2011.

[10] 福島雅夫,『非線形最適化の基礎』朝倉書店, 2001.

[11] 矢部 博, 『工学基礎　最適化とその応用』数理工学社 , 2006.

[12] 茨木俊秀 ,『最適化の数学』共立出版, 2011.

[13] 田村明久, 村松正和 ,『最適化法』共立出版, 2002.

[14] 鍋島一郎 ,『動的計画法　POD 版』森北出版, 2005.

[15] 藤澤克樹, 梅谷俊治『応用に役立つ 50 の最適化問題』朝倉書店 , 2009.

[16] 伊理正夫, 『線形計画法』共立出版, 1986.

[17] 中山弘隆, 岡部達哉, 荒川雅生, 尹禮分, 『多目的最適化と工学設計—しなやかシステム工学アプローチ』現代図書, 2008.

[18] 中山弘隆, 谷野哲三（著), 計測自動制御学会（編), 『多目的計画法の理論と応用』計測自動制御学会, 1994.
[19] 山田 秀, 『実験計画法 方法編—基盤的方法から応答曲面法，タグチメソッド，最適計画まで』日科技連, 2004.
[20] 立林和夫, 『入門タグチメソッド』日科技連, 2004.
[21] 足立修一, 管野政明（翻訳), Jan M. Maciejowski（原著), 『モデル予測制御—制約のもとでの最適制御』東京電機大学出版局, 2005.
[22] 木村英紀, 藤井隆雄, 森 武宏著, 『ロバスト制御』コロナ社, 1994.

本書では，最適化ツールの紹介は特にしていない．最適化ツールについてはたとえば，[15] に紹介されているサイト NEOS(http://neos-guide.org/) などを参考にされたい．

索引

記号・数字・欧文

∀ 97
∃ 97
∧ 97
∨ 97
→ 97
¬ 97
1次収束 (linear convergence) 46
1次の必要条件 .19, 24
2次計画問題 (quadratic programming problem) 9, 10
2次収束 (quadratic convergence) 46
2次の十分条件 .22, 27
2次の必要条件 .21, 27
BFGS公式 (BFGS update) 52
CAD (cylindrical algebraic decomposition) . . . 99
D-最適化 (D-optimality) 136
EGO (effcient global optimization) 139
GA 84, 85
inf 4
KKT条件 (Karush-Kuhn-Tucker condition) 24, 25
*k*点交叉 (*k*-point crossover) 88
max 4
min 4
MLS 84
MOGA (multi-objective algorithm) 119
MOPSO (multi-objective particle swarm optimization) 119, 121
MOQE (multi-objective quantifier elimination) 123
OR (operations research) 2
POP (polynomial optimization problems) 13
PSO 84, 90
QE (quantifier elimination) 96, 97
QEによる最適化 99, 123
RBFネットワークモデル (radial basis function network) 136
SA 84
SAO (sequential approximate optimization) . 130
SDP (semidefinite programming problem) 10
SQP法 (sequential quadratic programming method) 59
sup 4
SVR (support vector regression) 136
TS 84
ρ-中心 (ρ-center) 65

あ行

アーカイブ 121
アニーリング法 .81, 84
鞍点 (saddle point) 20, 38
意思決定者 112
一様交叉 (uniform crossover) 88
1次収束 (linear convergence) 46
1次の必要条件 .19, 24
一階述語論理式 (first-order formula) 97
遺伝アルゴリズム 81, 84, 85, 87
遺伝局所探索法 (genetic local search) 88
遺伝子 85
遺伝子型 85
遺伝子座 85
エリート戦略 (elitism) 87
円柱状代数的分割 (cylindrical algebraic decomposition) 99
応答曲面法 (response surface method) 129
応答曲面モデル (response surface model) . . . 129
オペレーションズ・リサーチ (operations research) 2
重みつき線形和 (linear weighted sum) 113

か行

外部ペナルティ関数 56
外部ペナルティ関数法 (exterior penalty function method) 55, 56
学習機 136
拡大チェビシェフスカラー化関数 (augmented Tchebyshev scalrization function) 115
拡張関数 53
拡張ラグランジュ関数 (augmented Lagrangian function) 57, 58
確率計画法 142

確率的最適化 (probablisitic optimization) 12, 133, 142
下限 (infimum) 4
カルーシュ・キューン・タッカー条件 (Karush-Kuhn-Tucker condition) 24
含意 97
感度分析 (sensitivity analysis) 11, 140
緩和問題 (relaxation problem) 12
機会制約 (chance constraint) 142
希求水準 (aspiration level) 118
希求水準法 118
記号・代数計算 (symbolic and algebraic computation) 95
記号的最適化 (symbolic optimization) 100
期待改善量 136
期待値制約 (expected vale constraint) 142
基底解 (basic solution) 71
基底行列 (basic matrix) 70
基底変数 (basic variable) 70
共分散 138
共役勾配法 (conjugate gradient method) 52
極小点 20
局所探索 (local search) 83
局所的最適解 (locally optimal solution) 5
局所的収束性 (local convergence) 46
極大点 20
禁止リスト (tabu list) 84
近傍 (neighborhood) 83
組合せ最適化問題 (combinatorial optimization problem) 7
クリギングモデル 136, 138
グレーコーディング (gray coding) 90
計算機代数 95
決定係数 (decision variable) 3
決定問題 (decision problem) 98
限量記号 (quantifier) 97
限量記号消去 (quantifier elimination) 96, 97
交叉 (crossover) 86, 87
交叉率 (crossover rate) 87
勾配ベクトル (gradient vector) 16
コーディング 88, 89
ゴールプログラミング (goal programming) . . 116
混合整数計画問題 (mixed integer programming problem) 8

さ行

最急降下法 (steepest descent method) 47
最小値 (minimum) 4
最大値 (maximum) 4
最適化 (optimization) 2
最適解 (optimal solution) 3
最適化問題 (optimization problem) 3
最適化問題のクラス 7
最適基底(行列) 74
最適基底解 (basic optimal solution) 71
最適性基準 137
最適性条件 (optimality condition) 15, 18
最適値 (optimal value) 4
最適値関数 (optimal vale function) 11, 105
最適満足化 118
サンプリング 129
実験計画法 (design of experiments) 129
実行可能解 (feasible solution) 4
実行可能基底解 (basic feasible solution) 71
実行可能集合 (feasible set) 4
実行可能内点 (feasible interior point) 64
実行可能領域 (feasible region) 4
実数値型GA (real-coded GA) 89, 90
弱双対定理 (weak duality theorem) 35
弱パレート解 (weak Pareto solution) 112
収束性 45
収束比 (convergence ratio) 46
集団 (population) 86
集中化 83
自由変数 97
主双対最適性条件 (primal -dual optimality condition) 79
主問題 (primal problem) 13, 33
準ニュートン法 (quasi-Newton method) 51
上限 (supremum) 4
条件数 (condition number) 48
乗数法 (multiplier method) 57
乗数法 58
進化的アルゴリズム (evolutionary algorithm) . 84
進化的計算 (evolutionary computation) 84
進化的多目的最適化 (evolutionary multi-objective optimization) 119
真偽値 98
信頼領域法 (trust region method) 52
数式処理 (computer algebra) 95

数値最適化 (numerical optimization) 96
数理計画法 (mathematical programming). 2
数理最適化 (mathematical optimization) 2
スカラー化 (scalarization) 112
ステップ幅 (step size) 44
スラック変数 (slack variable). 57, 63
政策 (policy) 12
正則 (regular) 23
正定値 18
制約解消 (constraint solving) 100
制約関数 (constraint function) 5
制約条件 (constraint). 3
制約条件つき最適化問題 (constraint optimization problem). 5
制約想定 (constraint qualification) 27, 36
制約なし最適化問題 5
制約変換法 (constraint transformation method) 115
セカント条件 (secant condition) 51
設計解 134
線形回帰モデル. 137
線形計画法 42, 68
線形計画問題 (linear programming problem) 8, 79
線形計画問題の基本定理 71
全称記号. 97
染色体 85
相対コスト係数. 73
双対ギャップ (duality gap). 36
双対性 (duality). 13, 15
双対定理 (duality theorem). 18, 36
双対問題 (dual problem). 13, 33
相補性条件 (complementary condition) 26
束縛変数. 97
存在記号. 97

た行

大域的最適解 (globally optimal solution). 5
大域的収束性 (global convergence) 45
対立遺伝子 86
代理モデル (surrogate model). 136
タグチメソッド 134
多項式最適化問題 (polynomial optimization problems) 13
多項式モデル 136
多スタート局所探索法. 84
多段決定問題 (multistage decision problem) . . 12
タブー探索法 81, 84
多峰性 82
多目的最適化 (multi-objective optimization) 6, 109, 110
多様化 83
探索方向 (search direction) 44
単体乗数 (simplex multiplier). 73
単体表 (simplex tableau) 76
単体法 (simplex method) 72, 75
単目的最適化 (single objective optimization) 6, 112
チェビシェフスカラー化関数 (Tchebyshev scalarization function). 114
逐次２次計画法 (sequential quadratic programming method) 59, 63
逐次近似最適化 (sequential approximate optimization). 130, 135
中心パス (center path). 65
超１次収束 (superlinear convergence). 46
直接法 (direct method). 43
直線探索 (line search) 47
定式化 128
停留点 (stationary point) 19
適応的多スタート局所探索法. 84
適応度関数 86
淘汰 (selection) .86, 87
動的計画法 (dynamic programming) 12
トーナメント選択 (tournament selection) 87
凸関数 (convex function) 9
凸計画問題 (convex programming problem) . . . 10
凸集合 (convex set) 9
凸性 (convexity). 9
突然変異 (mutation). 86, 88
突然変異率 (mutation rate). 88
トレードオフ (trade-off) 6, 110

な行

内点 (interior point). 64
内点法 (interior point method) 63, 67, 76, 79
内部ペナルティ関数 53, 54
内部ペナルティ関数法 (interior penalty method) 53, 55
２次計画問題 (quadratic programming problem) 9, 10
２次収束 (quadratic convergence). 46
２次の十分条件. .22, 27

2次の必要条件 .21, 27
ニッチカウント (niche count) 119
ニッチ半径 120
ニッチング 120
ニュートン法 (Newton's method) 49

は行

バイナリーコーディング (binary coding) 89
パウエルの修正BFGS公式 (Powell's modified BFGS update) 62
ばらつき 133
パラメトリック最適化 (parametric optimization) .11, 96
パラメトリック最適化問題 105
バリア関数 (barrier function) 53
パレート解 (Pareto solution) 111
パレート解集合 (Pareto solution set) 111
パレート順序 (Pareto order) 111
パレートフロント (Pareto front) 111
半正定値 18
半正定値計画問題 (semidefinite programming problem) 10
半代数的集合 (semialgebraic set) 99
反復法 (iterative method) 43
非基底行列 (nonbasic matrix) 71
非基底変数 (nonbasic variable) 71
非線形計画法 .41, 42
非線形計画問題 (nonlinear programming problem) 9
否定 97
非凸計画問題 (nonconvex programming problem) 10
ピボット操作 72
表現型 86
非劣解 (noninferior solution) 112
品質工学 (quality engineering) 134
分散共分散行列 137
ヘッセ行列 (Hessian matrix) 17
ペナルティ関数法 (penalty function method) 53
変数空間 (variable space) 111
変分法 (variational method) 2

ま行

マラトス効果 (Maratos effect) 62
満足化 116
満足化トレードオフ法 118
群れ (swarm) 90
メタヒューリスティックス (metaheuristics) .81, 82
メタモデリング 136
メタモデル (meta model) 136
メメティック・アルゴリズム (memetic algorithm) 88
メリット関数 (merit function) 61
目的関数 (objective function) 3
目的空間 (objective space) 111
目標達成 117
目標値 117
モデル予測制御 (model predictive control) 133

や行

有効 (active) 23
有効制約 (active constraint) 23

ら行

ラグランジュ関数 (Lagrangian function) 22
ラグランジュ乗数 (Lagrange multiplier) 23
ラグランジュ双対問題 (Lagrangian dual problem) .33, 35
ランク (rank) 119
ランダム多スタート局所探索法 84
離散最適化問題 (discrete optimization problem) 7
粒子 (particle) 90
粒子群最適化 92
粒子群最適化法 81, 84, 90
ルーレット選択 (roulette wheel selection) 87
連続最適化問題 (continuous optimization problem) 7
ログバリア関数 53
ロバスト最適化 (robust optimization) 12, 133, 141
ロバスト制御理論 143
ロバスト設計 134
論理記号 97
論理式 97
論理積 97
論理和 97

著者紹介

穴井 宏和（あない ひろかず） 博士（情報理工学）

1989 年 鹿児島大学理学部物理学科卒業

1991 年 鹿児島大学大学院理学研究科物理学専攻修士課程修了

現 在 富士通研究所人工知能研究所 プロジェクトディレクター
九州大学マス・フォア・インダストリ研究所 教授
国立情報学研究所 客員教授

NDC418 158p 21cm

数理最適化の実践ガイド（すうりさいてきかのじっせんガイド）

2013 年 3 月 1 日 第 1 刷発行
2022 年 9 月 1 日 第 6 刷発行

著 者 穴井 宏和（あない ひろかず）

発行者 髙橋明男

発行所 株式会社 講談社
〒 112-8001 東京都文京区音羽 2-12-21
販売 (03)5395-4415
業務 (03)5395-3615

編 集 株式会社 講談社サイエンティフィク
代表 堀越俊一
〒 162-0825 東京都新宿区神楽坂 2-14 ノービィビル
編集 (03)3235-3701

本文データ制作 藤原印刷株式会社

印刷所 株式会社平河工業社

製本所 株式会社国宝社

落丁本・乱丁本は，購入書店名を明記のうえ，講談社業務宛にお送りください．送料小社負担にてお取替えします．なお，この本の内容についてのお問い合わせは，講談社サイエンティフィク宛にお願いいたします．定価はカバーに表示してあります．

Printed in Japan

ISBN978-4-06-156510-4